AF534110

Wilhelm Bauer

Taubenschläge und Taubenhäuser bauen

19 X G 28

Wilhelm Bauer

Taubenschläge und Taubenhäuser bauen

78 Fotos
8 Zeichnungen

Inhalt

Spezialseiten

Ein Wort zuvor

Noch gut kann ich mich daran erinnern, wie meine Eltern sich bemüht haben, mich als Kleinkind aus dem großväterlichen Taubenschlag zu holen – vergeblich. Voller Bewunderung und mit einem unstillbaren Forschungsdrang wollte ich alles wissen, was mit Tauben zu tun hatte. Eine Faszination, die mich bis heute nicht losgelassen hat. War es am Anfang mehr oder weniger die Schönheit der Tauben, die mir gefiel, und das Kennenlernen verschiedener Rassen, wollte ich mit der Zeit immer mehr wissen.

Als ich dann mit zehn Jahren meine ersten eigenen Tauben bekam, musste ich einen Taubenschlag bauen und einrichten. Fachliteratur dazu war nicht vorhanden und die wenige Information, die es gab, war im Grunde nicht brauchbar. Also baute ich einfach drauf los und versuchte das, was ich bei meinem Opa gesehen hatte, irgendwie an die Gegebenheiten anzupassen. Dabei musste dann schon einmal ein ausrangiertes Regal für Nistzellen herhalten. Schon damals war ich verwundert, wie anpassungsfähig Tauben sein können, ohne dass sie sich unwohl fühlen.

Mit der Zeit und durch Einblicke in die Zuchten verschiedener anderer Taubenfreunde habe ich festgestellt, dass es ihnen genauso geht. Alle haben aber für sich, und optimal auf ihre gezüchteten Rassen abgestimmt, Möglichkeiten gefunden, Tauben art- und rassegerecht zu halten. Da es eine Standardlösung nicht gibt, werden Taubenschlageinrichtungen immer wieder umgebaut und angepasst. Das ist bis heute so.

Das vorliegende Buch kann deshalb nur ein Ideengeber sein und es kann keine Ideallösung bereithalten. Zu viele Faktoren beeinflussen die Taubenzucht nachhaltig. Die Ausführungen in diesem Buch stammen aus meiner und der Praxis anderer Züchter. Sie den persönlichen Rahmenbedingungen und der gezüchteten Rasse anzupassen, sollte das oberste Ziel jedes Taubenhalters sein. Und dann kann man getrost sagen: „Tauben halten und züchten macht Freude. Mit einem schönen und rassetypischen Taubenschlag umso mehr!“

Es ist mir ein besonderes Anliegen, dem Verlag Eugen Ulmer und Frau Dr. Eva-Maria Götz zu danken. In ihnen hatte ich immer kompetente Ansprechpartner und die nötige Unterstützung. Auch meine Frau Yvonne und meine Töchter Anna und Klara haben mich immer tatkräftig unterstützt. Mit viel Toleranz haben sie mir die Zeit für meine Recherchen gegeben.

Wilhelm Bauer, Nürtingen

Selbst bei den bei vielen Menschen verhassten Stadttauben sind zärtliche Momente zu erleben.

Tauben haben eigene Bedürfnisse

Tauben und Menschen haben ein ganz besonderes Verhältnis. Sind die Tauben für die einen Anlass zu Freude und Entspannung, machen sie andere wütend. Man denke nur an die vielen Stadttauben und ihre Hinterlassenschaften. Die Medien haben dies aufgegriffen und die Tauben als „Ratten der Lüfte" diffamiert. Dabei gehören Tauben zu den ältesten Begleitern des Menschen.

Nachweislich ist die Taube seit mindestens 4500 Jahren domestiziert. Wahrscheinlicher ist aber, dass sie uns schon so lange wie die Schafe begleiten, also fast 13000 Jahre. Nach dem Wolf wären sie damit das zweite, zum Haustier gewordene Wildtier. Dies liegt im Wesen der Tauben begründet: Im Gegensatz zu allen anderen Haustieren können die Tauben in völliger Freiheit gehalten werden und schließen sich dennoch freiwillig dem Menschen an. So war es wohl, als die ersten Felsentauben (*Columba livia*) sich in der Nähe von menschlichen Behausungen niedergelassen haben. Aus heutiger Sicht ist dabei nicht mehr zu klären, ob die Tauben zunächst nur die Abfälle der Menschen verzehrt haben und deshalb in ihre Nähe kamen oder ob Menschen ihnen gleich Behausungen zur Verfügung gestellt haben. So wird manches zum Ablauf der Domestizierung der Taube wohl immer im Dunkeln bleiben.

Diese enge, aber doch freiwillige Bindung der Taube an den Menschen war in früheren Zeiten ein Grund dafür, dass die wirklichen Bedürfnisse der Tauben vernachlässigt wurden. Größtenteils wurden sie mehr oder weniger nebenbei gehalten. Man machte kein großes Aufheben um sie und sie mussten sich von dem ernähren, was sie selbst fanden oder was das andere Federvieh übrig ließ. Dennoch sind sie dem Menschen treu geblieben und haben vor allem in Krisenzeiten dafür gesorgt, dass der Speiseplan mit wertvollem Fleisch ergänzt werden konnte. In früheren Zeiten stand der Nutzen eindeutig im Vordergrund,

Historischer Taubenturm in Deutschland.

nicht, so wie heute, die Freude an der Tierhaltung. Zu einem Wandel in der Einschätzung der Tauben als Haustier haben wohl auch die Veränderungen unserer Lebenswelt geführt.

Ein Blick zurück

Bauernhöfe heute haben in aller Regel keinen Platz mehr für Tauben, früher war das ganz anders. Wer mit wachen Augen auf Spurensuche geht, wird schnell fündig werden. Kaum ein altes Bauernhaus, in dem nicht ein eigener Ausflug für Tauben vorhanden ist. Manchmal sieht man sogar noch einfache Taubenkästen, die direkt unter der Dachtraufe hängen. Die Taube gehörte einfach zum Bauernhof und war lediglich ein anspruchsloses landwirtschaftliches Nutztier.

Das Gegenstück dazu sind die Taubentürme. Sie standen meistens zentral auf dem Hof und stellten so etwas wie den Mittelpunkt dar. Die Bauweise der Taubentürme war je nach Region ganz unterschiedlich und auch charakteristisch. Von einfachen Holztürmen, teilweise mit reichen Schnitzereien, bis hin zu aufwendig gemauerten Türmen war alles zu sehen. Dort wo sie noch erhalten sind, demonstrieren sie bis heute den Stolz der Bauern auf ihre Tauben. Die Tauben waren zwar Nutztiere, trotzdem besaßen sie einen ganz anderen Stellenwert für ihre Besitzer.

Wer einmal in einer Kloster- oder Schlossanlage oder einem Rittergut vor einem Taubenturm stand, kann diese Gedanken nachvollziehen: Dies sind richtige Bauwerke mit vielfältiger Nutzung. Im Erdgeschoss waren große Hühnerställe und der erste Stock samt Dachraum gehörte den Tauben. Selbstverständlich wurden diese Räume nicht über eine Leiter betreten, sondern konnten über richtige Treppen begangen werden.

Ein ganz eigenes Bild bieten die strahlend weißen Taubentürme von Tinos im herrlichen Kontrast zur tiefblauen Ägäis. Dazu kommen die typischen weißen Tauben der Insel. Selbst ein Bildband wurde schon den Taubentürmen auf Tinos gewidmet.

All dies ist aber nichts gegen die geradezu riesigen Taubentürme im Orient. In den Regionen des heutigen Irak und Iran, aber auch in Ägyp-

Gut zu wissen

Früher gab es keine Region in Europa, in der keine Taubentürme anzutreffen waren. Viele wurden im Lauf der Zeit abgerissen. Eine Ausnahme bildet Frankreich, wo man Taubenhäusern bis heute auf Schritt und Tritt begegnet.

ten, wo die Taubenhaltung vermutlich ihren Ursprung hat, gab es richtige Taubenburgen. Die größten davon waren ein wichtiges Wirtschaftsgut und beherbergten bis zu 14000 Tauben. In Persien war es die Hauptaufgabe der Tauben, wertvollen Dünger zu liefern, der die Landschaft fruchtbar machte. Im Gegensatz zu Ägypten gab es hier keine regelmäßige Überschwemmungen wie beim Nil mit seinem nährstoffreichem Schlamm.

Auch wenn die meisten der aus Lehmziegeln erbauten orientalischen Taubentürme dem Verfall preisgegeben waren, findet man noch eindrucksvolle Ruinen und vor allem in Ägypten bewohnte Türme. Teilweise werden sie auch erhalten, um die Kultur zu bewahren, so wie bei dem abgebildeten im Museumsdorf in Katar.

Veränderungen in der Taubenhaltung

Der reine Nutzgedanke trat immer mehr in den Hintergrund und die Tauben entwickelten sich zu Haustieren. Die bäuerliche Taubenhaltung und auch die klassische Brieftaubenszene in der Arbeiterschaft gibt es so nicht mehr. Die Taubenhaltung musste sich im Grunde neu erfinden. Das war eine riesige Chance und vor allem nach dem Zweiten Weltkrieg erlebte die moderne Form der Taubenhaltung und -zucht einen gewaltigen Auftrieb. Taubenzucht wurde zur Freizeitgestaltung, ob mit Brieftauben, Flug- oder Rassetauben.

Das bedeutete, dass die Züchter und Halter begannen, sich wesentlich mehr Gedanken um die Art der Haltung machten. Die Taubenschläge wurden auf einmal unter ästhetischen Gesichtspunkten betrachtet. Der Taubenschlag im Garten sollte nicht wie ein Fremdkörper wirken, sondern sich harmonisch einfügen. Es gab also viel mehr zu berücksichtigen als reine Funktionalität.

Immer mehr werden auch die Verhaltensweisen von Tauben beobachtet und beachtet. Das Taubenverhalten kennenzulernen, kann ein interessantes Betätigungsfeld der Taubenhaltung sein und steigert die Freude an der Haltung. Vielleicht wurde das Verhalten der Tauben bisher zu wenig beachtet. Sie haben aber viel mehr zu bieten, als man gemeinhin annimmt. Das Image von der friedliebenden Taube entspricht nicht der Wirklichkeit, denn es zeigt nur einen winzigen Teil des großen Verhaltensspektrums dieser Vögel. Wer glückliche Tauben haben will, muss sich mit ihrem Wesen und Verhalten zu befassen, um ihre Bedürfnisse zu erkennen und erfüllen zu können.

Taube ist nicht gleich Taube

Gut zu wissen

Für eine bessere Strukturierung der körperlichen Merkmale wurden die Rassetauben in unterschiedliche Gruppen eingeteilt: Formentauben, Warzentauben, Strukturtauben, Farbentauben, Huhntauben, Trommeltauben, Tümmler, Spielflugtauben, Mövchen und Kröpfer.

Die Urform der Haustaube ist die Felsentaube (*Columba livia*). Sie entspricht im Erscheinungsbild nahezu einer gewöhnlichen Stadttaube. Sie ist mehr oder weniger blaugrau, mit zwei schwarzen Binden auf den Flügeln. Je nach Unterart gibt es weiß- und farbrückige Felsentauben.

Zahlreiche Mutationen haben dazu geführt, dass wir nun rund 1000 verschiedene Taubenrassen kennen. Wie man aus alten Schriften weiß, traten wohl als erstes Farbveränderungen auf. Im Laufe der Zeit entwickelten sich viele weitere Merkmale. Bei den Taubenrassen unterscheidet man dabei zwischen einfarbigem und gescheckten Gefieder, und es sind verschiedene Flügelzeichnungen bekannt.

Auch in den Federstrukturen weichen die Rassetauben von der Felsentaube ab. Diese Federveränderungen reichen von einfachen Federhauben bis hin zu üppigen Halsgefiederstrukturen, Federn an den Füßen, Latschen genannt, und einer deutlichen Erhöhung der Schwanzfederzahl, die ihre Krönung in der bekannten Pfautaube findet.

Auch in Größe und Gewicht haben sich viele Taubenrassen von ihrem Ursprung entfernt. Man kennt Leichtgewichte mit kaum 300 Gramm und Schwergewichte mit mehr als einem Kilogramm. Taubenriesen bringen teilweise eine Flügelspannweite von mehr als einem Meter hervor. Zu guter Letzt treten noch Veränderungen im Flugstil und der Körperhaltung auf.

In der Haltung müssen die teils grundverschiedenen rassespezifischen Besonderheiten berücksichtigt werden. Ebenso wichtig ist es aber auch, die Wesenseigenschaften der einzelnen Taubenrassen zu berücksichtigen, wenn Sie einen rassespezifischen Taubenschlag bauen möchten. Es gibt ruhige, nervöse, eher friedliche und richtig zänkische Rassen. Einen idealen Schlag für alle gibt es nicht. So ist Vielfalt angesagt, wenn es darum geht, den Tauben ein optimales Umfeld zu bieten.

Kaum eine andere Haustierart gibt es auch nur ansatzweise in so vielfältigen Arten wie die Tauben.

Was Tauben wollen

Als Abkömmlinge der Felsentaube haben alle Taubenrassen immer noch die gleichen Bedürfnisse. Mehrere Grundbedingungen müssen für ein glückliches Taubenleben erfüllt sein.

So macht zum Beispiel nichts den Tauben mehr zu schaffen als Feuchtigkeit. Als Halter sollten Sie daher alles unternehmen, ein trockenes Klima im Taubenschlag zu schaffen. So sind eine funktionierende Lüftung oder ein generell starker Luftaustausch besonders wichtig. Dieser sorgt auch dafür, dass der Taubenkot schnell abtrocknen kann. Eine ausreichende Sonneneinstrahlung unterstützt dies noch.

Zu warm kann es Tauben kaum sein. Selbst bei höchsten Temperaturen sind sie noch sehr agil und zeigen keinerlei Einschränkungen in der Bewegungstätigkeit. Aber auch Kälte mit deutlichen Minusgraden macht Tauben nichts aus, sofern es eine trockene Kälte ist. Dann plustern Tauben in typischer Vogelmanier ihr Gefieder auf und schaffen sich so ein isolierendes Luftpolster. Kälte mit hoher Luftfeuchtigkeit bekommt ihnen allerdings schlecht. Wobei wir wieder bei der guten Lüftung wären – der besten Gesundheitsvorsorge.

Doch nicht nur die Reduzierung der Feuchtigkeit ist wichtig, sondern auch die Frischluftzufuhr an sich. Der Frischluftbedarf von Tauben ist sehr hoch, wie bei anderen Vögeln auch. Bei wenig unverbrauchter Luft sind Schwierigkeiten mit den Atemwegen kaum zu vermeiden und sie beeinträchtigen das Wohlfühlgefühl der Tauben entscheidend. Treten immer wieder solche Beeinträchtigungen auf, kann man mit Sicherheit davon ausgehen, dass keine ausreichende Luftzufuhr gegeben ist.

Und das Rechtliche spielt auch mit

Wenn Sie Tauben halten möchten, werden Sie leider oft feststellen, dass das Image dieser schönen Vögel in der Öffentlichkeit eher negativ ist. Meistens fehlt aber nur die richtige Information, denn grundsätzlich beeinträchtigt die Taubenhaltung die Nachbarschaft weniger als beispielsweise die Haltung eines Hundes. Voraussetzung dafür ist allerdings, dass die Tauben nicht frei fliegen, sondern in Volieren gehalten werden. Tauben sind auch nicht laut, sofern Sie nicht eine sehr große

Alte Taubenzüchterweisheit

„Wo die Sonne hinkommt, ist der Tierarzt weit."

Gut zu wissen

Luft ja, aber keine Zugluft. Sie ist für Tauben äußerst schädlich.

Tauben brauchen viel Licht.

Übers Futter zu folgsamen Tauben

„Hunger ist der beste Koch!“

Das gilt auch für Tauben. Vor allem für die Liebhaber von Flugtauben ist „knappe Fütterung“ der Schlüssel zum Erfolg, denn von fetten, satten Tauben können Sie keine Höchstleistungen im Flug verlangen. Schnell werden Sie feststellen, dass das Aufzuchtverhalten und die Vitalität bei zu gut genährten Tauben nachlassen. Die Vögel werden träge und bekommen die gleichen Wohlstandserkrankungen wie wir.

Mit Leckerbissen bekommen Sie alle Tauben zahm.

Als verantwortungsbewusster Taubenhalter werden Sie darauf achten, dass die Tauben in Topkondition sind. Das bedeutet, dass die Fütterung zwar ausreichend, aber knapp sein muss.

Am besten erkennen Sie das, wenn Sie Gerste geben. Die Tauben nehmen das etwas spitze Korn nicht besonders gerne auf, obwohl Gerste eine sehr hochwertige Getreidesorte ist. Die Futterdosis stimmt, wenn der Trog mit Gerste nach etwa zehn Minuten vollständig leergefressen ist. Sind noch Körner übrig, können Sie die Menge bei der nächsten Fütterung entsprechend kürzen.

Wenn Sie mit der Taubenhaltung beginnen, werden Sie zunächst wahrscheinlich verwundert sein, wie gering die Futtermenge einer einzelnen Taube eigentlich ist und deshalb zu reichlich füttern. Erst mit der Zeit werden Sie festellen, „weniger ist mehr“.

Ganz nebenbei fällt auf, dass knapp gefütterte Tauben wesentlich ruhiger und zutraulicher werden. Selbst sehr flüchtige Rassen kommen ihrem Züchter entgegen, wenn sie hungrig sind. Mit Leckerbissen – absolut am beliebtesten ist Erdnussbruch – können Sie die Tauben sogar handzahm machen. Das macht Freude und sorgt für die nötige Entspannung, die Sie sich von der Taubenhaltung wünschen.

Wenn Sie Spaß daran haben, können Sie Ihren Tauben sogar kleine Kunststücke beibringen. Tummeln sich Ihre Tauben auf dem Dach herum, bringen Sie sie mit einer knappen Fütterung und kontrolliertem Freiflug leicht dazu, wieder herunterzukommen. Jede Taube fliegt nämlich nur ein gewisses Pensum, ehe sie sich wieder ausruht. Diese Ruhephase soll natürlich nicht auf dem Dach stattfinden. Lassen Sie sie vor der Fütterung in den Freiflug, ist es ganz einfach, die Tauben mit Futter wieder hereinzulocken.

Noch besser geht das, wenn Sie die Tauben zusätzlich auf ein Signal trainiert haben. Das kann ein Lockruf mit der Stimme, das Klappern mit dem Futterbecher sein. Oder Sie ziehen eine Fahne auf. Die Tauben verbinden dann Futter mit dem Signal und werden folgen – zu ihrem eigenen und zu Ihrem Nutzen.

Sie müssen es selbst einmal erlebt haben: Wenn die Tauben wissen, dass ihr Betreuer Erdnüsse dabei hat, sind sie so gierig, dass sie sogar in der Hand oder Hosentasche danach suchen.

Zahl von ihnen halten. Dies ist abhängig vom Platz, den Sie zur Verfügung haben und den örtlichen Gegebenheiten aus rechtlicher Sicht.

In den letzten Jahren ist eine Tendenz festzustellen, die Taubenhaltung wieder vermehrt zu gestatten. Dazu gibt es mehrere Grundsatzurteile, bei denen die Taubenhaltung ausdrücklich erlaubt wurde. Maßgeblich dafür war, dass die Vielzahl der Taubenvarianten mit ihren verschiedenen Haltungsformen endlich unterschieden wird. Nicht jede Taube wird mehr mit der Brieftaube, die auf Freiflug angewiesen ist, und der unbeliebten Stadttaube gleichgesetzt.

Entscheidend für die Genehmigung der Taubenhaltung ist die Einstufung der Wohngegend. Ideal sind Mischgebiete oder alte Ortskerne, für die meist kein Bebauungsplan vorliegt. In der Regel werden die Mehrzahl der Wohnbebauungen als sogenannte „allgemeine Wohngebiete" ausgewiesen. Hier ist normalerweise gegen eine Taubenhaltung nichts einzuwenden, sofern der Hobbycharakter gewahrt bleibt. Dies ist die gängige Praxis der Baubehörden. In „reinen Wohngebieten" sieht das anders aus. Hier kann schon das Halten eines Kaninchens für die Kinder zu Schwierigkeiten mit der Nachbarschaft führen.

Auf gute Nachbarschaft

Bevor es aber so weit kommt, ist es besser, Sie informieren die Nachbarschaft vom Vorhaben der Taubenhaltung. So können Sie schon viele Missverständnisse und Schwierigkeiten aus dem Weg räumen. Vielleicht besuchen Sie gemeinsam einen Taubenzüchter und erleben mit den Nachbarn zusammen, wie faszinierend dieses Hobby ist.

Wenn die Taubenhaltung direkt am Wohnort nur ein frommer Wunsch ist, Sie aber dennoch vom „Taubenvirus" infiziert sind, brauchen Sie wahrscheinlich nicht darauf verzichten: In vielen Gemeinden gibt es Gemeinschaftszuchtanlagen von örtlichen Kleintierzuchtvereinen, wo die Taubenhaltung selbstverständlich erlaubt ist.

Auch ein Gartengrundstück außerhalb kann die Möglichkeit zur Taubenhaltung bieten. Waren diese Anlagen vor Jahren nur für Rassetaubenzüchter offen, hat sich hier etwas gewandelt und man findet dort immer mehr Schläge von Brief- und Flugtauben.

Bauen Sie selber und finden Sie für sich die ideale Lösung

Manch selbstgebautes Gerät eines Taubenzüchters mag aussehen, als hätte er „aus der Not eine Tugend gemacht". Dabei bietet der Fachhandel alles, was Sie brauchen. Allerdings für den Standardgebrauch. Dabei geht man davon aus, dass Tauben alle gleich groß und schwer sind und keinerlei Federstrukturen haben. Oft lässt die Qualität der Gerätschaften aus dem Handel zu wünschen übrig, die Preise dagegen sind günstig.

Dass das Material beim Selbstbau meist hochwertiger ist, steht außer Frage. Da wird geschraubt, statt getackert und Massivholz kommt vor der Pressspanplatte. Überhaupt wird im Selbstbau stabiler gebaut, solche Schläge halten oft ein ganzes Züchterleben lang, so wie die Freude an der eigenen Konstruktion. Oder ein Züchterneuling startet mit bewährten Gerätschaften aus einer aufgelösten Taubenhaltung.

Typischerweise geeignet für den Eigenbau sind Gerätschaften sind Tränkenhocker, Futtertröge, Vorsatzgitter für Nistzellen, die Nistzellen selbst, Sitzreiter, Nistrahmen und vieles mehr. Es sind gerade diese Dinge, die teilweise ganz rassespezifisch gestaltet sein müssen. Bei belatschten Taubenrassen beispielsweise sollten alle Einrichtungsgegenstände so minimalistisch wie möglich gebaut sein. Bei einem solchen Züchter stehen nicht allzu viele Gerätschaften herum. Darüber braucht sich jemand, der glattfüßige Tauben züchtet, keine Gedanken zu machen. So kann es auch nach einem Rassewechsel vorkommen, dass ein Komplettumbau ansteht.

Gute Ideen wirken inspirierend. Es macht Spaß, sich Tipps für die Haltung zu holen oder eben für den Taubenschlagbau. Als Neuling sind Sie gut beraten, andere Taubenzüchter zu besuchen und die Augen offen zu halten. Erste Kontakte erhalten Sie über den örtlichen Kleintierzuchtverein und dann geht eigentlich alles wie von selbst weiter. Es lohnt sich auch, ins Internet zu schauen. Sie werden dort den einen oder anderen Blog finden, in dem ein Züchter erzählt und zeigt, wie er es macht.

Manch einer hat richtig Freude daran, die Schlageinrichtung immer wieder weiterzuentwickeln oder er ist ein Tüftler und ständig auf der Suche nach der besseren Lösung – die es eben nicht zu kaufen gibt.

Kein Taubenschlag ist wie der andere. In Bezug auf Bauart und Ausstattung sind Ihrer Fantasie keine Grenzen gesetzt.

Taubenschläge haben keine Grenzen

In aller Regel wird bei der Unterbringung von Tieren von Ställen gesprochen, Tauben aber haben einen Taubenschlag. Je nach Rasse und Sinn der Haltung wird dieser ganz individuell aussehen. Bau und Einrichtung eines Taubenschlages müssen also anpassungsfähig sein. Um dafür Ideen zu sammeln, lohnt es sich, andere Taubenhalter zu besuchen, um sich Anregungen für den eigenen Schlagbau zu holen und Erfahrungen auszutauschen.

Gartenschlag

Man versteht darunter mehr oder weniger große Gebäude innerhalb des Gartens. So gehören die Tauben zum direkten Lebensumfeld, Sie können sie sehen und beobachten und haben meist eine enge Bindung zu ihnen. Dennoch ist der Taubenschlag meistens so weit vom Wohnraum entfernt, dass Sie nicht allzu viel Schmutz mit hereintragen. Deponieren Sie extra „Schlag-Schuhe“ und einen Arbeitsmantel vor der Tür, haben Sie es noch leichter.

Der Gartenschlag ist der mit Abstand häufigste Taubenschlagtyp.

Wenn der Taubenschlag in die Lebensumwelt der gesamten Familie einbezogen sein soll, werden Sie ihn mit besonderer Aufmerksamkeit gestalten wollen. Je nach Standort können Sie eine Bepflanzung wählen, die den

Dachschläge hatten schon immer den entscheidenden Vorteil, dass sie sehr trocken sind.

Taubenschlag in den Garten integriert. Das gilt auch für die Voliere, die man eigentlich fast immer mit dem Gartenschlag verbindet.

Im Grunde ist bei Gartenschlägen alles erlaubt, was gefällt. Die Zeiten, in denen der Gartenschlag immer nach dem gleichen Muster erstellt wurde, sollten vorbei sein. Oft ist es sogar so, dass die örtlichen Rahmenbedingungen dies gar nicht zulassen. Doch auch dann müssen Sie nicht auf die Taubenhaltung verzichten. Vielleicht können Sie eine vorhandene Gartenhütte zu einem Taubenschlag umfunktionieren oder ein altes Kinderspielhaus, denn das hätte seinen besonderen Reiz.

Dachschlag

Vor allem bei Brieftaubenzüchtern war früher der Taubenschlag auf dem Dachboden die Regel. Aber auch auf vielen Bauernhöfen sieht man noch die kleinen Ausflugöffnungen an der Giebelseite. Aus Sicht der Tauben spricht grundsätzlich gar nichts gegen einen Dachschlag. Normalerweise wird der Taubenschlag direkt unter die Dachziegel gebaut, sodass schon hier eine gewisse Lüftung stattfindet. Darüber hinaus heizen sich die Ziegel bei den ersten Sonnenstrahlen auf und geben die Temperatur an den Taubenschlag ab. Es herrscht also ganzjährig ein sehr angenehmes Klima.

Dass es kaum noch Dachschläge gibt, muss also andere Gründe haben. Auf jeden Fall entsteht ein höheres Schmutzaufkommen innerhalb des Hauses. Schließlich muss alles nach oben getragen werden, und zwar vom Futtersack bis hin zu neuen Tauben. Und natürlich muss der Taubenkot heruntergetragen werden. Selbst bei größter Vorsicht wird sich hier eine etwas größere Staubbelastung kaum vermeiden lassen, zumindest im Bereich der Treppe. Hinzu kommt, dass der meist nur als Abstellraum genutzte Dachboden kaum noch zu finden ist. Dachböden werden meistens ausgebaut, um den zusätzlichen Raum zu nutzen. Für die Tauben ist hier also kein Platz mehr. Man kann es auch anders sagen: Das Verschwinden der Dachschläge hat dazu beigetragen, dass immer mehr Gartenschläge gebaut werden.

Gut zu wissen

Wenn die Möglichkeit dazu besteht, ist der Dachschlag noch immer eine sehr gute Alternative für die Unterbringung der Tauben.

Kleinstschlag

Sogenannte Kleinstschläge findet man vor allem im Flugtaubensport. Die dort gehaltenen Tauben sind sehr ruhig und zutraulich. Durch den täglichen Freiflug nutzen sie den Schlag meist nur als Aufenthaltsort.

In der einschlägigen Presse werden hauptsächlich sehr große Taubenschläge gezeigt. Während dies meistens die sehr engagierten Züchter anspricht, schreckt es Laien und „Nur-Taubenhalter“ eher ab. Doch jeder kann Tauben nach seinen Wünschen halten, das bezieht sich erst recht auf die Größe und den Umfang des Hobbys.

Sogenannte Kleinstschläge findet man vor allem im Flugtaubensport. Die dort gehaltenen Tauben sind sehr ruhig und zutraulich. Vor allem aus China kennt man Bilder, auf denen Taubenschläge auf Balkonen großer Wohnblöcke zu sehen sind. Selbstverständlich ist dies mit unseren Vorgaben und Wünschen in Bezug auf eine tiergerechte Unterbringung nicht in Einklang zu bringen. Ein Taubenzüchter in der Schweiz, der auf dem Balkon erfolgreich Tauben züchtet, zeigt, dass es trotzdem geht. Der Bestand an Tauben muss natürlich der Schlaggröße angepasst sein und die Zucht darf die Nachbarschaft nicht beeinträchtigen.

Einzelpaarhaltung

Felsentauben in freier Natur leben in mehr oder weniger großen Kolonien. Man müsste daraus schließen, dass dies auch für die domestizierten Tauben gilt. Dennoch gibt es immer wieder Beweggründe, einzelne Paare zusammen zu halten. Vielleicht hat jemand einfach nicht genügend Platz für mehr Tauben oder will einfach nicht mehr Tauben halten.

Große und schwere Taubenrassen haben bei Einzelhaltung mehr Ruhe bei der Paarung und werden bei der Aufzucht nicht gestört. Eher streitlustige Rassen sind nicht ständig in Revierkämpfe verwickelt und die Züchter haben die Gewähr, dass die Nachkommen genau von diesem Paar abstimmen. Mit der Treue nehmen es die Tauben nämlich nicht sonderlich genau – also ganz das Gegenteil von dem, was uns der Volksmund über Tauben erzählt.

Tauben fühlen sich sowohl als Paar als auch in Gesellschaft sehr wohl. Sie sind erstaunlich anpassungsfähig und nehmen selbst Menschen als Partnerersatz an. Manche Täubinnen sind so zahm und auf ihren Halter fixiert, dass sie nicht mehr dazu zu bewegen sind, mit einem Täuber anzubandeln.

Zeitlich begrenzte Einzelpaarhaltung kann für eine optimale Befruchtung und Abstammungssicherheit durchaus empfehlenswert sein.

Die Einzelpaarhaltung ist eine interessante Alternative während der Zuchtzeit und gehört zum Repertoire der Haltungsmethoden.

Das Fliegen von einer Jageklappe ist eine interessante Alternative zum herkömmlichen Flugtaubensport. Es hat seinen besonderen Reiz, auch ohne die Tauben des Nachbarn zu fangen.

Nach Abschluss der Zucht kommen die Tauben dann wieder in Gemeinschaftsschläge. Es ist interessant, dass die Größe der Box bei der Einzelpaarhaltung völlig nebensächlich ist. Der Schlüssel zum Erfolg ist der Kontakt zu den anderen Tauben. Reiner Sicht- und Hörkontakt genügt aber normalerweise nicht. Deshalb ist es sinnvoll, zwischen den einzelnen Boxen eine Wand mit Holzstäben anzubringen, durch die die Tauben den Kopf stecken können. Geben Sie etwas Nestbaumaterial zwischen die Stäbe, werden Sie schnell beobachten, wie engagiert sich die Tauben darum streiten. Dieser Konkurrenzkampf wirkt sich auf den Zuchterfolg günstig aus.

Jageklappen

In den großen Städten Norddeutschlands, aber auch in den Niederlanden, hat der Flugtaubensport mit sogenannten Jageklappen eine große Tradition. Ziel dabei ist es, die Tauben des Nachbarn wegzufangen. Mit sehr triebigen Tauben, die ein ungeheures Temperament besitzen, gelingt dies auch. Dieser „Diebestaubensport" wird auch in Spanien betrieben. Die gefangenen Tauben wurden früher in speziellen „Taubengaststätten" wieder ausgelöst, entweder mit einer Runde Bier oder einem sehr geringen Geldbetrag. Was den Züchter aber mehr belastete als das Lösegeld, war, dass er seine Tauben hat wegfangen lassen.

Der Flugtaubensport mit Jageklappen ging mit dem Ende des Zweiten Weltkrieges verloren. Die Taubenschläge waren größtenteils zerstört und in den großen Mietshäusern war keine Taubenhaltung mehr erwünscht. Für diese Taubensportvariante braucht man mehrere Taubenzüchter in einem engeren Gebiet. Weil es dies kaum noch gibt, war zu befürchten, dass die Jageklappen vollends verschwinden würden. Doch Taubenzüchter sind erfinderisch. Sie bauten kurzerhand die Jageklappen auf ihre Gartenschläge und fliegen nun eher im ländlichen Raum.

Eine Jageklappe ist praktisch ein Aufbau auf einem Gebäude. Der eigentliche Taubenschlag befindet sich auf dem Dachboden. Obendrauf wird eine große, oben offene Kiste gesetzt. Als An- und Abflugfläche für die Tauben ist an einer Seite eine Holzplatte leicht gewinkelt angebracht. In der Jageklappe kann der Züchter stehen und die Tauben beobachten. Tauben und Züchter sind sich dadurch sehr nahe, und dazu muss eine absolute Vertrautheit vorhanden sein. Während eine Jageklappe fast ausschließlich nur von einem Schlag aus beflogen wird, ist für die Tauben der Zugang relativ direkt. Früher führten schmale Gänge zur Klappe und die Tauben mussten durch dieses „Labyrinth" ins Freie.

Starten, fliegen und sofort zurück in den Schlag, ist das Motto fast aller Taubenliebhaber.

Flugtaubenschlag

Die Flugtaubenszene ist ungeheuer vielfältig.
Das kann man problemlos auch auf die Taubenschläge übertragen. Je nach Rasse wird der Taubenschlag entsprechend ausgestaltet und das Umfeld gewählt. Falls Sie eine solche rassespezifische Lösung suchen, informieren Sie sich am besten bei Flugtaubensportlern vor Ort.

Beim reinen Zuchtbetrieb unterscheiden sich die Schläge nicht von denen der Züchter anderer Rassen. Wer aber mit seinen Tauben nur fliegen will, kommt unter Umständen mit viel weniger Platz aus. Der Schlag dient den Flugtauben nur zur Ruhe und zum Ausspannen. Sie werden als Sporttauben ausnahmslos im Freiflug gehalten, denn nur so können sie ihr Flugvermögen uneingeschränkt zeigen.

Meist werden vor den Ausflügen am Taubenschlag Drahtkäfige angebracht, die den Flugtauben die Erkundung ihres direkten Umfeldes ermöglichen. Die Tauben sollen sich unter keinen Umständen am Boden oder auf dem Dach des Nachbarn tummeln. So ist es ideal, wenn die Tauben in dem Drahtkäfig auch baden können. Die Größe des Käfigs richtet sich nach Größe des Flugschwarmes, Stich genannt.

Der Flugtaubenschlag muss frei stehen, ohne Bäume, Sträucher und andere Sichtbarrieren in der Nähe. Die Tauben sollen freie Sicht nach allen Seiten haben, deshalb werden die Flugkäfige oft oben auf den eigentlichen Taubenschlag gebaut.

Gut zu wissen

Eine Renaissance erlebt der Flug von Jageklappen derzeit in Den Haag. Die Verantwortlichen dieser niederländischen Großstadt gingen sogar so weit, den Sport als Kulturgut einzustufen und den Bau von Jageklappen ausdrücklich rechtlich zu erlauben.

Gut zu wissen

Für Flugtaubenrassen, die Nachtflüge machen oder bis in die Nacht hinein fliegen, sollte das Schlagumfeld unbedingt gut beleuchtet sein.

Die am häufigsten verwendeten Flugkästen sind aus Draht und klappbar. Im Dach haben sie eine Öffnung, durch die die Tauben nach der Landung ins Innere springen können.

Flugkästen

Flugkästen oder Flugkäfige sind eigentlich keine Taubenschläge im engeren Sinn. Es handelt sich um mobile Drahtboxen, von denen aus Flugtauben an jedem Ort geflogen werden können. Die Tauben starten von dieser Kiste aus und kehren sofort wieder zurück, wenn der Besitzer die sogenannte Droppertaube zeigt. Das ist bei eine sehr ruhige Taube. Sehen die Flugtauben den Dropper, wissen sie, dass sie Futter erhalten.

Die Flugkästen haben meistens eine Grundfläche von etwa 70 × 50 Zentimetern und eine Höhe von rund 50 Zentimetern. Diese scheinbar geringe Größe genügt, denn die Tauben sind darin nur minutenweise untergebracht.

Brieftaubenschlag

Brieftauben sind die Hochleistungssportler der Taubenszene. Und genau so können sie nur Hochleistungen bringen, wenn wirklich alle Rahmenbedingungen zu 100 Prozent erfüllt sind. Die Brieftaubenliebhaber machten sich als erste Gedanken zur Gestaltung ihrer Schläge und setzten vor allem in Bezug auf die Lüftung schon immer Maßstäbe.

Die Einrichtung des Brieftaubenschlages ist optimal auf die Brieftaube abgestimmt. Das Wesen der Brieftauben und die ständige Selektion auf Leistung haben dazu geführt, dass sie wohl die einzigen Tauben sind, die mit den standardisierten Schlageinrichtungen gut zurechtkommen. Die meisten Neuentwicklungen und Einrichtungsgegenstände, die der Fachhandel anbietet, haben ihren Ursprung in der Brieftaubenhaltung.

Während früher sehr viele Brieftaubenschläge auf Dachböden eingerichtet waren, ist inzwischen eine Tendenz zum Gartenschlag festzustellen. Dieser fällt meisten größer aus, da bei der Teilnahme an Wettbewerben eine Trennung der Geschlechter und Jungtiere unverzichtbar ist. Wenn Sie Brieftauben aber nur aus Spaß an der Freude halten möchten, können Sie sie wie alle anderen Tauben unterbringen.

Fertigschlag

Die ersten Bausätze für Taubenschläge kamen aus Belgien und den Niederlanden. Dort hat die Brieftaubenzucht große Tradition. Im Lauf der Zeit entstanden Spezialfirmen, die europaweit Standardschläge auslie-

Flugtaubenliebhaber sind erfinderisch. Um mit ihren Tauben mobil zu sein, bauen sie Flugkästen auf Autodächer, in den Kofferraum oder in einen Anhänger.

Die Brieftaubenliebhaber haben sich als erste Gedanken über die Gestaltung ihrer Schläge gemacht und vor allem in Bezug auf die Lüftung schon immer Maßstäbe gesetzt.

Spezialfirmen und Schreinereien bieten Fertigschläge an, die sich gut und schnell aufbauen lassen.

fern und aufbauen. Sie können die Größe nach einem Rasterschema wählen und festlegen, ob der Innenausbau mitgeliefert werden soll.

Im Grunde können Sie wie im modernen Fertighausbau alle einzelnen Module so kombinieren, wie Sie sie brauchen. Der Aufbau geht dann meist sehr schnell von statten.

Damit Sie sich selbst ein Bild machen zu können, bieten die meisten Firmen Adressen, wo Sie fertige Musterställe sehen können. Nutzen Sie diese Möglichkeit, vor allem um die Größenverhältnisse vorher richtig einzuschätzen.

Solche großen, begehbaren Türme baut man kaum noch, der Aufwand wäre zu groß. Außerdem ist die Betreuung der Tauben in einem Gartenschlag wesentlich leichter. Schön ist dieser Turm trotzdem!

Pfahltaubenhäuser und Taubentürme

Taubenturm, Pfahltaubenhaus, Taubenkobel – alle meinen dasselbe: Einen kleinen Taubenschlag, der auf einem Pfahl befestigt ist. Die Taubenhaltung in Türmen hat eine lange Geschichte.

Für eine kleine Taubenhaltung kann ein kleinerer Taubenturm oder ein Pfahltaubenhaus im Garten ein echtes Schmuckstück sein. Wenn Sie einfach ein paar Tauben halten wollen, geht das dort problemlos. Für eine Zucht wäre aber der Platz zu gering.

Bei Pfahltaubenhäusern ist zu beachten, ob sie nur zur Zierde da sein sollen oder ob darin wirklich auch Tauben gehalten werden sollen. Bei der Außengestaltung ist alles erlaubt, was gefällt, reich verziert oder schlicht. Innen ist das anders, sollen Tauben darin wohnen, ist es sinnvoll, den Innenraum nicht zu unterteilen. Bei der Planung sollte bereits eine größtmögliche Türöffnung vorgesehen werden, denn über sie wird der Taubenturm betreut und gereinigt.

Dieser attraktive Taubenturm wurde mit Balkenschuhen und Eisen stabil befestigt.

Sicherer Stand

Bei der Bauweise eines Pfahltaubenhauses kommt es vor allem auf die Statik an. Der Pfahl sollte von bester Qualität sein und die richtige Dimension haben. Ein Holzpfahl beispielsweise sollte gut abgelagert sein. Das Fundament muss mindestens 80 Zentimeter tief gegründet sein, ein Meter wäre besser, und die Breite sollte mindestens 60 Zentimeter betragen. Um eine genügende Stabilität zu erreichen, ist der Einbau von Armierungseisen zu empfehlen. Als Führung für den Pfahl bietet der Eisenwarenhandel sogenannte Balkenschuhe an. Je länger diese sind, desto besser stützen sie den Pfahl.

Jeder Taubenschlag ist einzigartig und deshalb immer eine Ideen-Fundgrube für Taubeninteressierte.

Einen Taubenschlag selbst bauen

Fertigschläge können bei allen technischen Finessen immer nur eine Standardlösung sein. Die Anpassungen an örtliche Gegebenheiten sind dabei begrenzt. Oft sind es aber gerade diese Sonderfälle, die das Besondere und das Flair von Taubenschlägen ausmachen.

Ob Sie dazu ein bereits vorhandenes Gebäude nutzen oder neu bauen, spielt keine Rolle. Das Selberbauen eines Taubenschlages kann sehr viel Freude machen. Moderne Baustoffe machen es möglich, dass Sie auch als Laie zu einem befriedigenden Ergebnis kommen.

Neben dem Arbeiten mit verschiedenen Materialien und dem Erleben, wie etwas Neues entsteht, hat ein selbst gebauter oder eingerichteter Taubenschlag enorme Vorteile. In einem Schlag, der ganz auf die persönlichen Bedürfnisse vor Ort abgestimmt ist, können Sie alle Anpassungen vornehmen, die Sie sich wünschen.

Planung

Bevor Sie überhaupt anfangen zu bauen, stellen Sie sich alle Fragen und notieren sich Ihre Antworten dazu. Das erleichtert Ihnen unter Garantie, dass nachher alles besser abläuft.

- Werden die baurechtlichen Auflagen erfüllt?
- Sind die Nachbarn einverstanden?
- Welcher Schlagtyp soll es sein?
- Welches Baumaterial brauche ich und wieviel?
- Habe ich Hilfe, etwa vom Schreiner oder von Freunden, die handwerklich geschickt sind?
- Bietet der Standort die richtigen baulichen Voraussetzungen?
- Ist mein Bauplan für den Schlag so ausführlich, dass ich danach bauen kann und alle zusätzlichen Installationen möglich sind?
- Wie sieht mein Zeitplan aus?

Wo soll der Schlag stehen?

Die Standortwünsche des Bauherrn lassen sich nicht immer ganz leicht realisieren. Sie wünschen sich den Taubenschlag gerade in dieser oder jener Ecke des Gartens, doch müssen Grenzabstände und auch das weitere Bau- und Nachbarschaftsrecht eingehalten werden. Wollen Sie ein vorhandenes Gebäude als Taubenschlag nutzen, sind andere Aspekte schon festgelegt. Doch oft ist der Aufwand trotzdem deutlich geringer als bei einem Neubau.

Wollen Sie Ihre Tauben im Freiflug oder in der Voliere halten? Das ist ein wichtiger Punkt bei der Wahl des Standorts. In der Voliere sind Tauben immer sicher, im Freiflug gibt es Gefahren durch Verflug, Habicht und Co. Bei der Freiflughaltung sind also die Anforderungen an den Standort besonders hoch. Planen Sie deshalb gleich noch genügend Platz für eine Voliere ein.

Am Schlag sollte der Ausflug so liegen, dass er von den Tauben problemlos angeflogen werden kann. Sehr nah stehende Bäume sind dabei eher hinderlich und Bäume in weiterer Entfernung dienen Greifvögeln als Ruhe- und Ausguckplätze, von denen aus sie nur darauf warten brauchen, dass die Tauben ins Freie gelassen werden.

Gebäude in unmittelbarer Nähe können zu Komplikationen mit der Nachbarschaft führen, vor allem wenn sie für Ihre Tauben im An- und Abflug gute Landeplätze bieten. Ärger wegen Verschmutzungen ist dann schon fast vorprogrammiert.

Ein Vorteil der Taubenhaltung ist, dass sie normalerweise keine Geruchs- und Lärmbelästigung mit sich bringt. So kann der Taubenschlag im direkten Umfeld des Wohngebäudes stehen, ohne die Wohnqualität zu beeinträchtigen. Das ist ideal, denn die Tauben müssen jeden Tag versorgt werden, auch wenn es regnet oder schneit. Und die Installationen von Wasser und Elektrik im Schlag lassen sich im Wohnumfeld leichter realisieren.

Gut zu wissen

Die Fensteröffnungen des Schlags sollten nach Süden oder Südosten ausgerichtet sein. So haben Sie die größte Sonneneinstrahlung während des ganzen Jahres. Da Tauben wahre Sonnenkinder sind, fühlen sie sich so besonders wohl.

Bauen Sie ganz neu, sind die Vorplanungen viel umfangreicher und der finanzielle Aufwand höher. Der Vorteil ist, dass Sie die für Sie idealen Maße bestimmen können.

Ausmessen und den Bau vorbereiten

Nun geht es an die Arbeit, besser gesagt, an die praktischen Vorarbeiten. Der Untergrund für den späteren Taubenschlag sollte möglichst eben sein. Machen Sie sich nichts vor: In den seltensten Fällen ist dies von Natur aus der Fall. In leichter Hanglage müssen die Vorarbeiten anders ausgeführt werden als bei nur leichten Bodenwellen.

Schritt für Schritt

- Als erstes messen Sie den Standort mit dem Meterstab grob ein. Die Umrisslinien können Sie mit einem Markierungsspray aufzeichnen. Das ist für den ersten Eindruck wichtig. Dann markieren Sie einen Eckpunkt mit einem Holzpflock oder einem Metallstab. Von dort aus gehen Sie im rechten Winkel (90°) zur nächst liegenden Ecke usw. Danach können Sie mit den Grabungsarbeiten beginnen.
- Nachdem das Fundament ausgegraben ist, müssen die Maße auf jeden Fall noch einmal kontrolliert und die definitiven Ecken markiert werden. Das geschieht am besten mit einer sogenannten Richtschnur. Dazu wird meist ein Metallstab hinter jeder Ecke eingeschlagen und dann die Schnur auf endgültiger Fundamenthöhe waagerecht von Ecke zu Ecke gespannt. Verlassen Sie sich keinen Fall dabei auf Ihr Augenmaß: Die Wasserwaage ist hier unverzichtbar.
- Nachdem die Richtschnur gespannt ist, fällt einem eine eventuelle Unebenheit des Geländes meist zum ersten Mal so richtig ins Auge. Nach dieser Erkenntnis legen die meisten Bauherren die Fundamenthöhe erst jetzt endgültig fest. Auf dieser Höhe ist die Schnur neu zu spannen.
- Möchten Sie im Vorfeld schon das genaue Bodenniveau wissen, hilft ein Nivelliergerät, wie es im Vermessungswesen verwendet wird. Auf jeden Fall ist nach dieser Festlegung auch der Materialaufwand für das Fundament zu bestimmen.

Das Fundament des Schlaggebäudes sollte idealerweise bis in den frostfreien Bereich des Geländebodens hinabreichen.

- Hat das Fundament eine Höhe von 10 bis 20 Zentimetern über dem umgebenden Erdreich, ist es ideal. Dann kann selbst nach starken Regenfällen kein Wasser ins Schlaginnere laufen.

Fundament

Soll der Taubenschlag fest an einem bestimmten Ort stehen, brauchen Sie dafür ein Fundament. Dieser Betonsockel bietet die Gewähr, dass selbst bei tiefsten Temperaturen noch Standfestigkeit besteht. Dazu muss er aber frostsicher gegründet sein, das heißt 80 bis 100 Zentimeter in die Tiefe betoniert sein.

Gut zu wissen

Es fällt einiges an Aushub an. Lockeres Erdreich ist vom Volumen deutlich umfangreicher als kompaktes im Boden. Machen Sie sich also vorab Gedanken, wo diese Erde hin soll.

Ausschachten

Vor den Erfolg haben die Götter den Schweiß gesetzt. Das gilt vor allem für das Ausschachten des Fundaments – zumindest wenn Sie es mit Schaufel und Spaten machen. Für einen nur wenige Quadratmeter großen Taubenschlag und leichtere Böden lohnt es sich nicht, einen Minibagger zu verwenden, oder der Platz ist damit gar nicht erreichbar.

Arbeiten Sie ohne Maschinenhilfe, sollte der Graben für das Fundament etwa 30 Zentimeter breit sein. Dann kommen Sie mit der Schaufel bequem hinein und können die Erde leicht herausnehmen.

Bei größeren Fundamentlängen nehmen Sie besser einen Minibagger, den Sie sich bei den meisten Baumärkten oder einem Baumaschinen-Mietpark ausleihen. Die entsprechende Einweisung in den Umgang mit der Maschine erhalten Sie dort auch. Mit etwas Übung klappt es dann problemlos bei Ihnen zu Hause. Informieren Sie sich vor dem Mieten über die vorhandenen Schaufelbreiten. Sonst kann es vorkommen, dass der Fundamentgraben zu breit wird und Sie nachher viel mehr Beton brauchen als vorgesehen war. Auch sollte der Bagger selbst von der Breite her noch durch ein normales Gartentürchen passen. Hat der Bagger Gummiketten, können Sie Treppen befahren, ohne dass ein Schaden entsteht.

Schematisch dargestellt, der Aufbau des Fundaments unter- und oberirdisch.

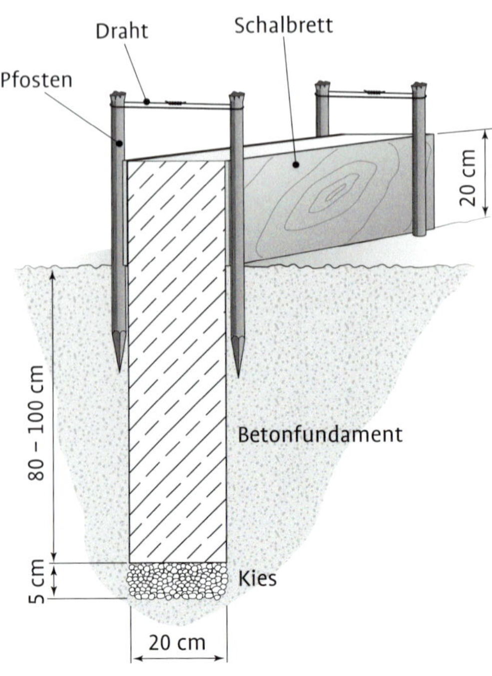

Schalen

Das Erdreich bildet im Boden die Begrenzung des Fundaments. Oberirdisch muss geschalt, also dem Beton bis zur Aushärtung ein Rahmen gegeben werden. Dafür verwenden Sie am besten Schaltafeln, Holzdielen oder einfach etwas stärkere Bretter. Die Schalung wird außen mit Holz- oder Metallspießen, sogenannten Nadeln, fixiert.

Je genauer Sie die Schalung errichten, desto leichter haben Sie es beim Betonieren.

Im Idealfall wird die Schalung mit der Oberkante auf das Fundamentniveau gebracht. Gelingt dies, können Sie den Beton bündig einfüllen. Wenn das Gelände nicht eben genug ist, erreichen Sie das selten. Dann ist es sinnvoll, mit einer Richtschnur, die exakt im Wasser liegt, die endgültige Fundamenthöhe festzulegen. Die Schalung muss dann einfach über die Höhe des Fundaments reichen.

Vor dem Betonieren braucht das Fundament noch eine Verwahrung. Dazu wird Baustahl in den Graben gestellt. Je nach Größe des Fundaments können das Matten oder auch Stäbe sein. Besonders wichtig ist es, dass die einzelnen Fundamente miteinander durch die Armierung verbunden sind. An den Ecken bedeutet das, dass Sie den Stahl biegen oder von beiden Seiten hineinragen lassen müssen.

Stellplatten

Eine sinnvolle Alternative zum Schalen eines Fundamentes sind Stellplatten. Sie werden auf das noch feuchte, unterirdische Fundament aus feuchtkrümeligem Beton gestellt. Mit Wasserwaage und Gummihammer lassen sie sich leicht austarieren.

Stellplatten haben in der Regel eine Höhe von 20, 25 oder 30 Zentimetern und werden in den Breiten von sechs oder acht Zentimetern angeboten. Je höher und breiter sie sind, desto schwerer sind sie. Beachten Sie, dass eine größere Breite auch eine bessere Standfestigkeit nach sich zieht. Die Höhe der Stellplatte ergibt sich meistens aus dem Gelände. Unter Umständen kann es sogar sinnvoll sein, verschiedene Höhen zu verbauen.

Stellplatten sind immer einen Meter lang. Brauchen Sie ein kürzeres Maß, lassen sie sich mit einer Steintrennscheibe entsprechend kürzen.

Betonieren

Die verschalten Fundamente werden unter- und oberirdisch mit Beton ausgegossen. Weil Sie für ein Taubenschlagfundament nicht besonders viel brauchen, lohnt es sich kaum, Fertigbeton kommen zu lassen. Außerdem lässt sich die Menge in den seltensten Fällen ganz exakt bestellen. Dann sollten Sie wissen, wofür Sie die überschüssige Menge verwenden.

Gut zu wissen

Wollen Sie den Beton selber mischen, ist die Hilfe von weiteren Personen von Vorteil. Sie sollten das Betonmachen nicht unterschätzen, weder vom Aufwand noch der körperlichen Belastung.

Üblicherweise ist dieser Beton zudem so flüssig, dass er sich von Privatpersonen nur schwer verarbeiten lässt.

Es gibt in mehreren Betrieben auch Mischwerke für Kleinstmengen bis etwa 1,5 m³. Sie können die Feuchtigkeit festlegen, weil der Beton nicht über die Rutschen eines Betonmischers laufen muss. Mit dem Autoanhänger können Sie die Kleinmenge in mehreren Touren abholen, je nach Fortschritt der Baustelle. Unter Umständen brauchen Sie dann nur noch eine ganz kleine Menge von Hand anzumischen. Dieser Beton ist etwas teurer als der aus einem großen Mischwerk, aber für Kleinstmengenabnehmer überwiegen die Vorteile bei weitem.

Die Grundlage für den Beton ist ein Kies-Sandgemisch in der Körnung 0–16 Millimeter. Dieses wird im Verhältnis 1:3 bis 1:4 mit Zement vermischt. Wertvolle Dienste leistet dabei ein kleiner Handbetonmischer, den man an eine normale Steckdose anschließen kann. Dann entfällt das Mischen in der Schubkarre oder auf dem Boden. Auf jeden Fall müssen Sie die Bestandteile erst vermischen, bevor Sie das Wasser dazugeben. Es ist auch wichtig, dass das Wasser nach und nach dazuzugeben, damit der Beton nicht zu flüssig wird.

Nach dem Einbringen in das Fundament muss der Beton eingestampft werden, entweder mit einem Rüttler, den man ausleiht, oder einem Metall- oder Holzstab. Vorteilhaft ist die Stampfmethode vor allem bei trockenerem Beton.

Wenn Sie Stellplatten verwenden, sollten Sie den Beton nur erdfeucht anmischen, damit er gleich zu Beginn genügend Stütze bietet. Der erste Eindruck, nämlich das ein solcher erdfeuchter Beton nicht genügend Festigkeit habe, stimmt nicht.

Streifen- und Punktfundament

Wem die Ausführung eines Fundamentes in Verbindung mit einer Bodenplatte zu aufwendig erscheint, kann auch mit Streifen- oder Punktfundamenten arbeiten. Dazu werden beim Baufachhandel angebotene armierte Betonteile auf eine etwa 20 Zentimeter in den Boden reichende Mineralbetonschicht gelegt. Selbstverständlich ist darauf zu achten, dass die einzelnen Fundamentteile mit der Wasserwaage exakt zueinander abgeglichen werden.

Auf diese Fundamentteile bauen Sie dann als Basis für Boden und Wände eine Holzbalkenkonstruktion auf. Bei einem Streifen- oder Punktfundament ist auch darauf zu achten, dass sich unter dem Taubenschlagboden kein Ungeziefer einnisten kann. Bringen Sie dazu als Schutz ein kleinmaschiges Drahtgeflecht an, das weit in den Boden reicht.

Ein Punktfundament ist einer starken Hanglage oft die einzige Möglichkeit, einen Taubenschlag waagerecht zu bauen. Hierzu reichen die im Fachhandel angebotenen Punktfundamente mit ihrer geringen Höhe meistens aber nicht aus, außerdem steigt mit zunehmender Größe auch

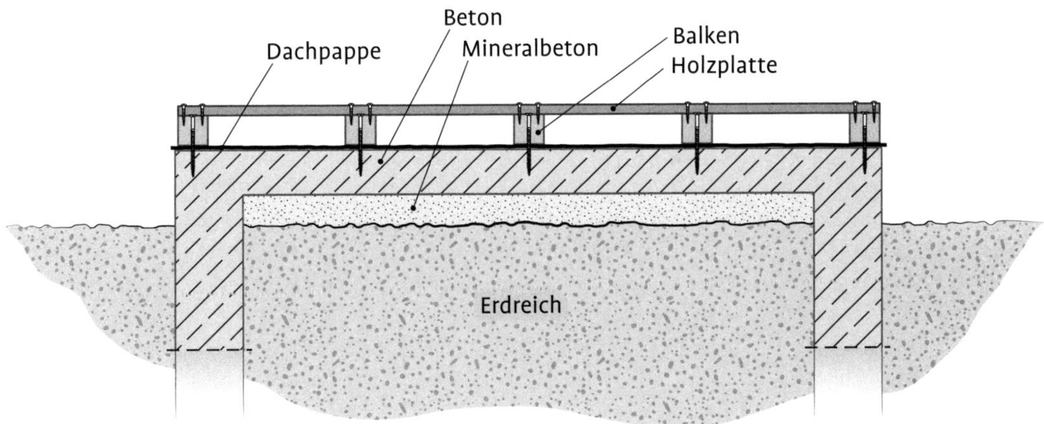

Der gesamte Aufbau des Fundaments im Querschnitt.

ihr Gewicht deutlich. Als Schalung dienen dann zirka 50 Zentimeter in den Boden eingegrabene Abwasserrohre aus Kunststoff, die einen Durchmesser von etwa 20 Zentimetern haben. Wollen Sie die Schalung im Nachhinein entfernen, müssen Sie das Fundament mit eingestellten Metallstäben armieren. Einfacher ist aber, die Kunststoffrohre zu belassen und eventuell farblich anzupassen.

Bodenplatte

Entscheiden Sie sich für ein Streifen- oder Punktfundament, brauchen Sie sich über die Bodenbeschaffenheit unter dem Taubenschlag kaum Gedanken machen. Sie lassen die Fläche einfach so, wie sie ist. Der wenige Lichteinfall sorgt dafür, dass darunter liegende Pflanzen eingehen.

Das ist die einfachste Methode, die aber durchaus ihren Nachteil haben kann. Nisten sich dort Mäuse oder Ratten ein, sind sie kaum zu bekämpfen. Sie schleppen allerhand Vorräte in den Raum unter dem Fundament und leben sprichwörtlich im Paradies. Selbst wenn Sie die Fläche mit Mineralbeton verdichten, ist die Einnistung dieser Schadnager zwar deutlich reduziert, lässt sich aber nicht völlig ausschließen.

Nur eine massive Bodenplatte aus Beton kann Nagerbefall verhindern. In Verbindung mit einer frostfreien Gründung bildet sie die massivste Ausführung eines Fundaments. Sie ist aber auch mit dem meisten Aufwand verbunden. Dafür erhalten Sie die dauerhafteste Grundlage für Ihren Taubenschlag. Ich bevorzuge diese Ausführung ganz entscheidend, denn selbst wenn Sie mit der Taubenhaltung aufhören, können Sie den Aufbau nach Wunsch umfunktionieren. Und vor allem im direkten Umfeld des Wohngebäudes empfiehlt sich eine solche dauerhafte Ausführung.

Tipp

Nehmen Sie sich wie bei den Arbeiten am Fundament zum Betonieren der Bodenplatte auch jemand zu Hilfe, dann geht die Arbeit leichter und schneller von der Hand.

Gut zu wissen

Wichtig ist, dass die Betonplatte an einem Stück betoniert und abgezogen wird. Legen Sie die Arbeitsmaterialien deshalb gleich zu Beginn bereit. Ist das Wetter zu warm, könnte die Bodenplatte zu schnell trocknen und leichte Risse bekommen. Um dies zu verhindern, besprenkeln Sie die Platte immer wieder mit etwas Wasser.

Schritt für Schritt

- Unterhalb der eigentlichen Betonbodenplatte bringen Sie als sogenannte Sauberkeitsschicht etwa zehn Zentimeter hoch Mineralbeton ein. Dieser wird direkt auf das Erdreich geschüttet und entweder von Hand oder mit einer Rüttelplatte verdichtet. Je nachdem, wie weich der Untergrund ist, müssen Sie weniger oder stärker verdichten.
- Auf die Sauberkeitsschicht legen Sie ganzflächig eine Folie aus, wie man sie im Bauhandel bekommt. Erst danach wird die erste Schicht Beton eingebracht. Das Mischungsverhältnis ist das gleiche wie beim Fundament angegeben: 1:3 bis 1:4.
- Die Bodenplatte insgesamt hat eine Dicke von etwa zehn bis 15 Zentimetern. Ist die Hälfte der Höhe an Beton eingebracht, legen Sie eine Baustahlmatte ein und füllen dann den Rest des Betons auf. Die Baustahlmatte sorgt für Armierung und verhindert große Risse.
- Um die Bodenplatte eben zu bekommen, wird sie auf dem Fundament abgezogen. Dazu rücken Sie eine stabile Holzlatte oder eine Metallschiene auf dem Fundament hin und her. Je nachdem, welchen Feuchtigkeitsgrad der Beton hat, brauchen Sie danach nicht mehr zu glätten. Ist er relativ trocken, verwenden Sie ein Reibebrett aus Holz, das Sie immer wieder in Wasser tauchen.

Wandkonstruktionen

Normalerweise werden Wände als gemauerte Massivwände oder sogenannte Holzständerkonstruktionen ausgeführt. Beides hat Vor- und Nachteile. Am häufigsten sind wohl Holzwände, die auch von Laien meist ohne große Schwierigkeiten erstellt werden können.

Eine genaue Planung im Vorfeld lohnt auch hier: Neben der Größe ist die Dachform festzulegen, denn sie hat Auswirkungen auf die Höhe der Wände.

Erstellen Sie eine Stückliste, um die Materialmenge und die -kosten abschätzen zu können. Rechnen Sie trotzdem damit, dass Sie noch Material nachkaufen müssen oder auch Reste übrigbleiben.

Mauerwerk

Die Auswahl an Steinen für ein Mauerwerk scheint für den Laien unübersichtlich. Lassen Sie sich im Baufachhandel unbedingt beraten. Sehr gut geeignet sind Kalksandsteine, Bimssteine oder normale Klinker. Alle gibt es in verschiedenen Maßen, sodass Sie sich die passenden Steine aussuchen können.

Die sogenannten Gasbetonsteine (Ytong), die vor allem im Innenbereich von Häusern verwendet werden, eignen sich auch für den Taubenschlagbau. Sie sind leicht und lassen sich mit einer speziellen Säge gut bearbeiten. Um sie zu verbinden, wird ein spezieller Kleber verwendet. Sie müssen aber auf jeden Fall verputzt werden, weil sie der Verwitterung nicht standhalten.

Eine Alternative sind Betonschalsteine. Sie sind etwa 50 Zentimeter lang und es gibt sie in verschiedenen Breiten. Sie werden im Baukastensystem aufeinandergesetzt und dann mit Beton ausgegossen. Vor dem Eingießen des Betons legt man noch Stabeisen in horizontaler und vertikaler Richtung ein. Der Beton zum Ausgießen sollte eher flüssig sein, damit er überall hineinläuft. Mit einem Rüttelholz kann man hier nachhelfen.

Man sollte maximal drei Reihen Steine aufstapeln und dann ausgießen, ehe man am nächsten Tag weitermacht. Auf keinen Fall dürfen die obersten Steine völlig ausgefüllt werden, da sonst die Verbindung zu den Folgereihen nicht stabil genug ist. Richtig ausgeführt sind solche massiven Betonwände äußerst stabil.

Entscheiden Sie auch vorher, ob die Wand verputzt werden oder das Mauerwerk sichtbar bleiben soll. Für ein ansehnliches Gesamtbild müsste exakter gemauert und die geeigneten Steine verwendet werden. Auch die Fugen sollten möglichst gleichmäßig sein.

Tipp

Sind Sie im Mauern noch nicht geübt, machen Sie an einer Stelle, die nicht gleich ins Auge fällt, zuerst einen Versuch. Sind Sie mit dem Ergebnis nicht zufrieden, können Sie die Wand immer noch verputzen.

Schritt für Schritt

- Beim Aufbau einer Mauer werden die einzelnen Steine in Mörtel gesetzt. Greifen Sie dafür auf Fertigmörtel des Fachhandels zurück. Er ist zwar etwas teurer als selber gemischter, dafür ist seine Konsistenz immer gleich und damit das Verarbeiten auch für Ungeübte leichter.
- Achten Sie darauf, dass der Mörtel nicht zu flüssig ist. Sonst verschmutzen die Steine beim Mauern sehr stark und ein Sichtmauerwerk ist dann nur noch mit großem Reinigungsaufwand zu erreichen.
- Die Wasserwaage ist beim Mauern ein wichtiges Hilfsmittel, denn neben der Horizontalen muss auch die Vertikale stimmen. Besser einmal mehr die Wasserwaage zur Hilfe nehmen, als später einen gravierenden Fehler festzustellen. Ist der Mörtel erst einmal abgebunden, bleibt im schlimmsten Fall nur noch ein teilweiser Abbruch.
- Gleich die erste Steinreihe sollten Sie möglichst waagerecht in Mörtel direkt aufs Fundament setzen. Die Folgereihe wird dann im Versatz gesetzt, wobei die Fugenbreite etwa ein bis zwei Zentimeter beträgt. Ein spezielles Fugeneisen erleichtert eine gleichmäßige Breite und das Auffüllen von fehlendem Mörtel.

Beim Verputzen der Wände greift man ebenfalls auf Fertigputz zurück. Es gibt ihn entweder als Sackware oder bereits fertig angemischt im Eimer. Das Material ist so einfach zu verarbeiten, dass es mit etwas Übung auch Laien gelingt. Aufgebracht wird der Putz mit einer Glättungsscheibe und anschließend gleichmäßig verrieben. Ist der Putz nicht getönt, müssen Sie ihn anschließend zweimal mit Fassadenfarbe streichen, um den vollen Witterungsschutz zu haben. Für die Innenwand verwenden Sie Zementhaftputz. Dafür brauchen Sie aber eine absolut glatte Fläche. Sollten Sie sich dies nicht zutrauen, beauftragen Sie lieber einen Fachmann damit.

Holzständerkonstruktion

Gehobeltes und gefasstes Konstruktionsvollholz (KVH) eignet sich sehr gut für die Holzständerkonstruktion. Es ist zwar etwas teurer als ungehobelte Ware, dafür ist es absolut maßecht. Wählen Sie das Balkenmaß je nach Größe des Gebäudes und der zu erwartenden Schneelast auf der Dachfläche. Normalerweise passende Maße liegen bei etwa 6 × 6 bis zu 10 × 10 Zentimetern. Konstruktionsvollholz hat eine Länge von 510 Zentimetern. Erstellen Sie eine Holzstückliste, dann können Sie diese Holzlänge ideal ausgenutzen. Mit einer Kappsäge wird der Schnitt sehr exakt geführt, damit ist das Arbeiten passgenau möglich.

Wandaufbau aus Holz.

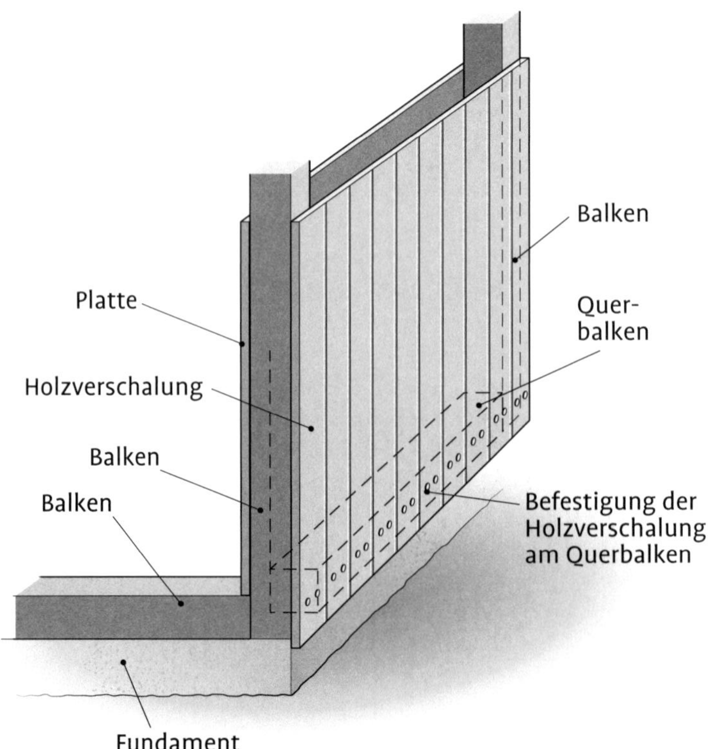

Schritt für Schritt

- Die Basis für den Aufbau sind die sogenannten Grundpfetten, Balken, die direkt auf das Fundament geschraubt werden. Zuerst wird der Balken mit einem Holz- und dann in das Fundament mit einem Steinbohrer gebohrt. Bei eher kleineren Balken stellen Sie die Verbindung mit Schrauben und Dübeln her. Bei Balken mit größerem Querschnitt können Sie Schlossschrauben verwenden, die ebenfalls mit Dübeln verwendet werden. Als Schraubenlänge sollten Sie die doppelte Holzstärke verwenden.
- Der Abstand der vertikalen Balken kann bis zu einem Meter betragen, in der Praxis werden Sie aber die gesamte Wandlänge passend einteilen und dabei Fenster- und Türöffnungen berücksichtigen. Entsprechend setzen Sie die vertikalen Balken. Verbinden Sie die vertikalen Balken mit der Grundpfette am besten mit Lochwinkeln. Sie werden entweder geschraubt oder mit Schraubennägeln genagelt.
- Auf die vertikalen Balken wird ein Balkenkranz in der Form der Grundpfetten auf dem Fundament aufgelegt und miteinander verbunden. Diagonal können Sie Streben anbringen, und zwar von der unteren Stallecke nach oben. Weitere Stabilität erhalten Sie, indem Sie auf etwa einen Meter Höhe sogenannte Querriegel einziehen.

Verkleidung

Nach außen hin werden zur Verkleidung in der Regel Nut- und Federbretter verwendet. Es gibt sie in verschiedenen Stärken und Profilen. Die Brettstärke sollte dabei nicht unter 22 Millimetern liegen. Brett für Brett wird mit Schrauben an der Holzbalkenkonstruktion befestigt. Achten Sie beim Befestigen darauf, dass die Schrauben deutlich versenkt werden. Vor allem bei der Verwendung einer hellen Holzschutzfarbe halte ich Edelstahlschrauben für sinnvoll, dann kann es auf keinen Fall zu unschönen Rostnasen kommen.

Eine Alternative sind sogenannte Seekieferplatten, auf die als Deko-Element einfache Bretter aufgeschraubt werden. Dadurch wird eine Stülpschalung vorgetäuscht, doch sind durch die darunter geschraubten Platten kaum Stöße vorhanden.

Ob Sie die Innenwand verkleiden wollen, bleibt Ihnen überlassen. Die Tauben brauchen keine Verkleidung. Für den Einbau von Nistzellen und anderen Einrichtungen ist aber eine glatte Fläche von Vorteil. Holzplatten eignen sich dafür am besten, weil keine Ritzen entstehen. Eine Plattenstärke von 12 Millimetern genügt, denn die Platten müssen kein Gewicht tragen.

Gut zu wissen

Sie sollten bei der Innenverkleidung so genau wie möglich arbeiten, denn schon die kleinste Lücke wird von Ungeziefer genutzt. Haben sich zum Beispiel einmal Mäuse in der Zwischenwand eingenistet, wird man sie nur schwer wieder los.

Dämmung

Tauben kommen sowohl mit großer Kälte als auch mit Wärme zurecht. Sie entscheiden selbst, ob Sie eine Dämmung einbauen wollen. Bei ge-

Bis in die 1950er Jahre war es üblich, sehr große Sprossenfenster einzubauen, wie man sie aus der Hühnerhaltung kannte.

mauerten Taubenschlägen wird man eher darauf verzichten können, denn die Temperaturschwankungen sind dort wesentlich geringer.

Bei reinen Holzschlägen sieht das anders aus: Sie heizen sich zwar schnell auf, kühlen aber auch genauso schnell wieder ab. Vor allem im zeitigen Frühjahr könnten beispielsweise Jungtiere erfrieren. Mit einer Zwischensparrendämmung mildern Sie dieses Phänomen.

Es lassen sich verschiedene Dämmmaterialien verwenden, doch bevor Sie die Innenwand verkleiden, sollten Sie auf der gesamten Fläche eine Folie anbringen. Sie schützt das Dämmmaterial vor Staub, der die Dämmwirkung beeinträchtigen würde.

Fenster

Überlegen Sie sich, ob Sie überhaupt Fenster einbauen wollen oder einfach eine Öffnung in der Wand lassen. Da ausreichend frische Luft für die Taubenhaltung entscheidend ist, verzichten immer mehr Züchter auf verschließbare Fenster.

Große Fensteröffnungen können sich bei sehr fluggewandten und scheuen Rassen unter Umständen als ungünstig erweisen. Die Tauben fliegen eventuell ins Freie, wenn man den Schlag betritt. Ist eine Voliere vorgebaut, können Sie vorbeugen, indem Sie einen Drahtrahmen vor die Fensteröffnung spannen. Wenn Sie dazu Estrichmatten mit einer Maschenweite von 5 × 5 Zentimetern benutzen, ist eine Verschmutzung fast ausgeschlossen. Halten Sie die Tauben im Freiflug, müssen Sie eine engere Maschenweite wählen, damit weder Iltis noch Marder oder Wiesel durchschlüpfen können.

Wenn Sie auf Fenster nicht verzichten wollen und sie gekippt oder gar geöffnet haben, müssen die Profile geschützt sein. Die Tauben sitzen gerne darauf und verkoten dabei alles und selbst nach aufwendiger Reinigung werden Sie nur sehr schwer wieder eine einwandfreie, funktionsfähige Mechanik haben. Der einfachste Schutz ist ein aus Holz gebautes U-Profil, wobei der „untere Bogen" die Breite des Fensterprofils haben muss. Dieses U-Profil wird einfach umgekehrt auf den aufgeklappten Fensterflügel gelegt.

Tauben lieben die Sonne, wählen Sie also die Fensterfläche möglichst groß. Heute sind Sprossenfenster wie sie früher verwendet wurden, nur noch als Maßanfertigungen erhältlich und sehr teuer. Meistens greift man deshalb eher auf die normalen Isolierglasfenster aus Kunststoff oder Holz zurück. Holzfenster müssen immer wieder gestrichen werden müssen, um die Lebensdauer zu erhalten.

Bei modernen Fenstern lassen sich leider die Flügel nur mit größerem Aufwand entfernen. Wer noch an ältere, gebrauchte kommt, kann sie ruhig nehmen. Eventuell lohnt es sich sogar, wegen Restposten mit einem Fensterbauunternehmen Kontakt aufzunehmen. Auf jeden Fall ist es wichtig, die Rahmengrößen genau zu messen, denn früher wurden die Fenster ausnahmslos auf Maß hergestellt, mit teilweise ganz außergewöhnlichen Abmessungen.

Gut zu wissen

Achten Sie darauf, dass die Fenster sowohl Schwenk- als auch Kippfunktion haben, denn das erleichtert Ihnen die Lüftung des Schlags um einiges.

Türen

Die Tür, die den Taubenschlag nach außen verschließt, sollte stabil sein und sie kann je nach der Bauweise des Schlages ausgewählt werden. So wird bei einem einfachen Holzschlag wohl kaum eine schwere Metalltür eingebaut werden und ein gemauerter Schlag wird nicht mit einer einfachen, selbstgebauten Holztür auskommen. Die Eingangstür zum Taubenschlag sollte auf jeden Fall abschließbar sein. Ein normaler Schließzylinder reicht in der Regel aus.

Der Fachhandel bietet verschiedene, günstige Modelle an. Lassen Sie sich dort beraten. Vor allem wenn die Tür in einen dem Taubenschlag vorgelagerten Wirtschaftsraum führt, sollten Sie eine stabilere Variante wählen. Welches Material Sie wählen, ob Holz, Metall oder Kunststoff, bleibt Ihrem persönlichen Geschmack überlassen.

Eine Tür, die aus dem Wirtschaftsraum in den Taubenschlag führt, kann dagegen sehr einfach sein, etwa nur aus einer Mehrschichtplatte angefertigt. Dabei genügen auch schlichte Scharniere, um die Tür zu befestigen. Sparen Sie in der Tür einen gewissen Teil aus und versehen Sie ihn mit einer durchsichtigen Kunststoffplatte, können Sie das Schlagin-

Schlaginnentüren können einfach gebaut sein. Bei erhöhter Schwelle wird der Schmutz nicht so leicht herausgetragen.

nere beobachten. So tritt auch kaum Staub nach außen, der sich auf den Gerätschaften ablagern könnte.

Werden mehrere Schläge durch Türen miteinander verbunden, dürfen die Öffnungen mit Draht bespannt und größer sein. Entweder Sie fertigen solche Zwischentüren mit der entsprechenden Öffnung aus Brettern oder Sie sägen den gewünschten Ausschnitt aus einer Mehrschichtplatte aus. Aus Gründen der Stabilität sind Platten mit einer Stärke von 18 Millimetern empfehlenswert.

Eine gute Alternative im Innenbereich sind Schiebetüren. Für den Einbau bietet der Baumarkt dafür gängige Schienensysteme an. Solche Türen brauchen besonders wenig Platz, weil der Raum für den Türflügelbogen entfällt. Bei der Bauausführung gelten die gleichen Hinweise zu Innentüren wie oben beschrieben. Im Bereich der Aufhängung sollte aber nach Möglichkeit die doppelte Holzstärke angesetzt werden, weil dies die Tür wesentlich beständiger macht.

Normalerweise sind Türschwellen plan mit dem Boden. Innerhalb von Taubenschlägen ist es aber sinnvoll, die Türschwelle etwa um zehn Zentimeter zu erhöhen. So wird auf dem Schlagboden liegendes Nistmaterial oder Ähnliches nicht so schnell hinausgetragen. Bauen Sie auf der Seite der erhöhten Schwelle direkt vor oder hinter dem Schlageingang einen Metallrost auf zwei kleinen Holzbalken als Schuhabstreifer ein, stolpern Sie nicht so leicht und die Verschmutzung wird zusätzlich reduziert.

Gut zu wissen

Wichtig ist der Sitz des Anschlags der Türen. Jede Tür in einen Taubenschlag, sollte nach innen aufgehen, also ins Schlaginnere. Das gilt besonders, wenn flüchtige Rassen gehalten werden. Alle anderen Türen können so angeschlagen werden, dass sie nach außen aufgehen.

Schlagböden

Ist eine Betonplatte auf dem Fundament vorhanden, kann sie direkt als Schlagboden dienen. Bereits beim Bau sollten Sie dann aber darauf achten, dass die Oberfläche zumindest geglättet ist. Noch besser ist es, sie wird mit einem sogenannten Glattstrich versehen. Da in Taubenschlägen in der Regel kaum Einstreu verwendet wird, lässt sich die Fläche leicht mit einem Bodenspachtel reinigen.

Beton hat den Nachteil, dass er kalt ist und keine Feuchtigkeit aufnehmen kann. Bei gemäßigten Temperaturen braucht frischer Kot also eine gewisse Zeit zum Abtrocknen. So kann vor allem in der nasskalten Jahreszeit die Luftfeuchtigkeit im Taubenschlag zu hoch werden und selbst mit einem ausgeklügelten Lüftungssystem kaum zu senken sein.

Eine Fußbodenheizung wäre natürlich die Lösung und sie ist in einigen Brieftaubenschlägen zu finden. Sie wird aber immer Ausnahme bleiben, denn die finanziellen Aufwendungen dafür sind sehr hoch.

Gut zu wissen

Da der Schlagboden täglich betreten und durch das Reinigen stark beansprucht wird, nehmen Sie sich Zeit für eine gute Planung und den Einbau. Bauen Sie ihn lieber gleich stabil, ehe Sie ihn immer wieder ausbessern müssen.

Holzboden

Ein Holzboden im Schlag ist günstig für das Raumklima. Holz nimmt eine gewisse Menge an Feuchtigkeit auf. Dadurch kann der Taubenkot besser trocknen. So ist der Schlagboden eigentlich immer trocken. Wenn Sie zusätzlich noch etwas tun wollen, können Sie den Boden nach der Reinigung mit Schlagweiß einfegen. Vor allem in älteren Taubenschlägen findet man Bretterböden, etwa aus Rauspund. Sie erfüllen den gleichen Zweck, wölben sich aber mit der Zeit an den Stößen nach oben. Auch das erschwert die Reinigung. Entscheiden Sie sich dann für eine leichte Einstreu, ist ein solcher Naturholzboden gut und dauerhaft.

Das Bearbeiten mit dem Bodenspachtel beansprucht einen Holzboden generell stark. Je weniger Fugen vorhanden sind, desto leichter lässt er sich reinigen. Für die Verlegung des Bodens ist man in der Praxis deshalb schon lange auf Plattenware umgestiegen. Sehr gut dafür geeignet wasserfeste Pressspanplatten in mindestens 19 Millimeter Stärke. Sie haben eine lange Haltbarkeit. Im Preis höher, dafür unverwüstlich sind Siebdruckplatten. Durch ihre dunkelbraune Farbe beeinflussen sie die Lichtverhältnisse im Schlag. Nur bedingt geeignet als Belag für den Schlagboden sind die in letzter Zeit im Innenausbau in Mode kommenden OSB-Platten. Ihre Oberfläche ist gröber, und das erschwert die Reinigung.

Auch alle anderen Holzarten, die es als Plattenware gibt, sind verwendbar. Achten Sie auf eine gute Funktionalität und hohe Lebensdauer. Schließlich ist das Auswechseln des Schlagbodens fast immer aufwendig. Auch sollte der Holzboden nicht direkt auf der betonierten Bodenplatte aufliegen. Schwitzwasser wäre unvermeidlich und der Boden würde früher oder später kaputt gehen.

Ein Holzboden im Schlag ist warm, kann Feuchtigkeit aufnehmen und auch wieder abgeben.

Gut zu wissen

Bereits bei der Planung sollte die Plattenbreite des Bodenbelags berücksichtigt werden. Die Stöße der Platten, die durch Nut und Feder mit einander verbunden sind, sollen nach Möglichkeit auf der Unterkonstruktion verlaufen.

Isolierung von unten Schritt-für-Schritt

- Decken Sie gesamte Betonplatte zuerst mit Bitumenpappe als Feuchtigkeitssperre ab. Ob besandet oder glatt, beides geht, wenngleich nach Aussagen von Fachleuten die besandete Form beständiger sein soll.
- Darauf werden im Abstand von zirka 50 Zentimetern Holzbalken mit einer Kantenlänge von etwa fünf Zentimetern geschraubt. Je nach Dicke des Holzbodens kann der Abstand zwischen den Balken auch größer oder kleiner gewählt werden.
- Zu guter Letzt werden die Holzplatten mit der Unterkonstruktion verschraubt. Dabei hat es sich bewährt, die Schraubenlöcher mit einem Senker zu bearbeiten, denn dann steht nichts mehr über das Bodenniveau hinaus. Je nach Art des Holzes lassen sich die Schrauben ohne besondere Vorarbeit vollkommen versenken.

Gitterroste

Seit vielen Jahren werden Gitterroste in ganz verschiedenen Größen aus Metall, Kunststoff oder Holz als Taubenschlagböden verwendet. Der Einbau von Rosten ist eine hygienische Maßnahme und dient bei Tauben, die sich bevorzugt auf dem Boden aufhalten, auch zur Gesundheitsvorsorge.

Denken Sie im Vorfeld daran, dass Sie die Roste zum Reinigen anheben und zur Seite stellen müssen. Bei Metallrosten kann das schnell lästig werden. Kunststoffroste aus der Wirtschaftsgeflügelhaltung sind

Kaum zu bremsen sind die Tauben, wenn sie an die Luft dürfen. Dann gibt es am Ausflug schon mal Gedränge.

wesentlich leichter und so konstruiert, dass sie auf die benötigten Maße zugeschnitten werden können. Dazu gibt es einen standardisierten Unterbau, der sich bewährt hat. Sie haben sehr glatte Oberflächen und sind daher mit dem Hochdruckreiniger leicht und schnell zu säubern.

Holzroste sind ebenfalls sehr haltbar. Holz strahlt Wärme aus, die Tauben lieben das. Wenn Sie Holzroste selber bauen möchten, achten Sie auf die Qualität des Holzes. Die einzelnen Leisten müssen astfrei sein, damit sie nicht brechen und sollten eine Kantenlänge von 1,5 Zentimetern haben. Dies ist auch der Abstand zwischen den Leisten. Sehr gut für Roste eignet sich Kiefern- oder Lärchenholz.

Gut zu wissen

Für den Einbau von Rosten gibt es unterschiedliche Systeme. Entweder Sie bringen eine Unterkonstruktion an oder die Gitterelemente haben bereits integrierte Füße. Üblicherweise werden Roste 15–20 Zentimeter über dem Boden angebracht.

Ausflüge

Die Öffnung vom Schlag in die Voliere oder in den Freiflug, der sogenannte Ausflug, ist fast das Wichtigste am Taubenhaus. Früher war der Ausflug ein ausgelassener Mauerstein im Giebel oder eine andere kleine Öffnung. Heute ist der Ausflug in aller Regel gleichzeitig der Einflug in den Schlag und nach bestimmten Regeln konstruiert.

Den Anfang haben die Brieftaubenzüchter gemacht und sich mit sogenannten „Sputniks“ ideal auf die Bedürfnisse ihrer Tauben eingestellt. Dabei müssen die Tauben, während sie durch eine große Öffnung den Schlag verlassen, um wieder hineinzugelangen, durch kleinere Öffnungen einspringen. Das hat den Vorteil, dass der eigentliche Ausflug, sobald die Tauben den Schlag verlassen haben, wieder verschlossen werden kann.

Der Sputnik ist so konstruiert, dass er auch in Dachschräge eingebaut werden kann. Er ist aus Leichtmetall gebaut und in unterschiedlichen Breiten im Fachhandel erhältlich.

Eine leichte Abwandlung ist der Einbau sogenannter Fanggabeln. Sie werden vor allem genutzt, wenn die Tauben im Freiflug gehalten werden. Es sind auf einem Draht aufgereihte senkrechte Metallstäbe, die sich in ihrer Lage und Anordnung durch eine spezielle Technik variieren lassen. An ihnen vorbei müssen die Tauben nach draußen und wieder nach innen.

Die Stäbe bewegen sich so leicht, dass sie diese nach kurzer Gewöhnungsphase annehmen. Zu Beginn klappt man ein paar Gabeln nach oben, später immer mehr und verdichtet so den Stabvorhang nach und nach. Je nachdem, was man den Tauben erlauben will, schiebt man einen Stab vor oder hinter den Fanggabeln durch, sodass sie sich nur in einer Richtung bewegen lassen. Sollen die Tauben den Schlag nach dem Freiflug nicht wieder verlassen können, ist, vom Schlaginnern aus gesehen, die „Sicherung“ hinter den Fanggabeln. Durch Fanggabeln können Sie also den Schlag verschließen, ohne dass alle Tauben schon drin sein müssen. Das Gute nebenbei ist, dass vor allem Krähen und

Gut zu wissen

Vor allem bei sehr großen Rassen und solchen mit üppiger Belatschung sollten Sie die Ausflüge nicht zu knapp bemessen.

Um den Schlag vollständig zu verschließen, bringen Sie einen Drahtrahmen, eine Holzplatte oder etwas Anderes zum Abdichten an. Für eher flüchtige Rassen hat sich ein Verschluss bewährt, der sich über eine Schnur und Lenkrollen betätigen lässt.

Elstern, die in Taubenschlägen sehr großen Schaden anrichten können, meist vor den Fanggabeln zurückschrecken.

Anflugbrett

Tauben sind Flugkünstler, sodass sie vor dem Einflug eigentlich keinen direkten Anflugplatz brauchen. Man kann einfache Latten hervorragen lassen. Sie werden von den Tauben gern angenommen. Bei Ausflügen, die in Volieren führen, braucht man sich darüber keine Gedanken zu machen, solche Ausflüge sind meistens größer.

Oft ist das Anflugbrett ebenfalls recht groß. Das kann den Nachteil haben, dass sehr dominante Täuber es als ihr eigenes Revier betrachten und für andere Tauben das Verlassen oder Einfliegen in den Schlag zum Spießrutenlauf wird. Um dies zu verhindern, sollte das Anflugbrett maximal 30 Zentimeter breit und die Gesamtöffnung durch Einzelöffnungen unterteilt sein. Bei belatschten Taubenrassen ist darauf zu achten, dass die Trennung nicht bis zum Boden des Anflugbrettes reicht, sondern fünf Zentimeter Abstand davon hat.

Der Ausflug wird normalerweise deutlich über dem Bodenniveau angebracht. Bei sich eher am Boden aufhaltenden Rassen kann ein Ausflug direkt am Boden wie bei Hühnerställen empfehlenswert sein. Auch hat sich der Einbau einer zusätzlichen Öffnung bewährt, selbst bei flüchtigen Rassen. Das erleichtert vor allem sehr junge Tauben, die gerade das Nest verlassen haben, leicht in die Voliere und wieder zurück in den Schlag zu gelangen.

Lüftung

Das Gefieder der Tauben sondert sehr viel Federstaub ab, zarte Farbenschläge deutlich mehr als sogenannte Lackfarbenschläge. Dieser Federstaub setzt sich überall ab und ist natürlich auch in der Luft. Eine gute Lüftung des Taubenschlages ist deshalb unverzichtbar für Tauben und Züchter. Schließlich ist der Federstaub recht aggressiv und es gibt sogar Menschen, die sich wegen einer „Taubenzüchterlunge" von ihrem Hobby verabschieden müssen. Eine gewisse Veranlagung und Empfindlichkeit muss dazu aber vorhanden sein. Eine gute Lüftung ist die beste Vorbeugung gegen solche Beschwerden.

Belüftungsanlage

Der Einbau einer professionellen Belüftungsanlage ist durch den meist geringen Raumumfang eines Taubenschlags und die sehr hohen Kosten in der Regel ausgeschlossen. Dennoch haben sich manche Züchter dazu entschlossen und man wundert sich, wenn man sieht, wie viel Staub dabei abgesaugt wird. Doch auch kleine Ventilatoren, wie sie im privaten Haushalt in Nassräume eingebaut werden, können bereits sehr hilfreich sein.

Ionisatoren

Wenn auch noch in viel zu wenigen Taubenschlägen vorhanden, kann sich der Einbau von Ionisatoren sehr positiv auf die Luftqualität auswirken. Sie werden an der Decke angebracht und brauchen eine Elektroanschluss.

Obwohl ihre Wirkung wissenschaftlich nicht nachgewiesen ist, findet man sie immer öfter. Die einfachen Ionisatoren haben nur eine sehr geringe Leistung, ihre Wirkung wird daher oft in Zweifel gezogen. Besser geeignet sind die neueren UV-Plasma-Ionisatoren. Sie brauchen natürlich mehr Energie. Die Lamellen des Geräts, an denen sich der Staub ablagert, müssen erfahrungsgemäß alle zwei bis drei Tage gereinigt werden. Nicht verheimlichen darf man, dass bei der Raumluftionisation Ozon entsteht. Dieses Gas wirkt zwar keimtötend, reizt aber schon in geringen Mengen die Atemwege. Gerade in der Vogelhaltung, wo der Gesundheitszustand sich sehr über die Atemwege definiert, wird der Einsatz von Ionisatoren deshalb heftig diskutiert.

Schwerkraftlüftung kann nur perfekt funktionieren, wenn der Taubenbestand dem Schlagvolumen angepasst ist.

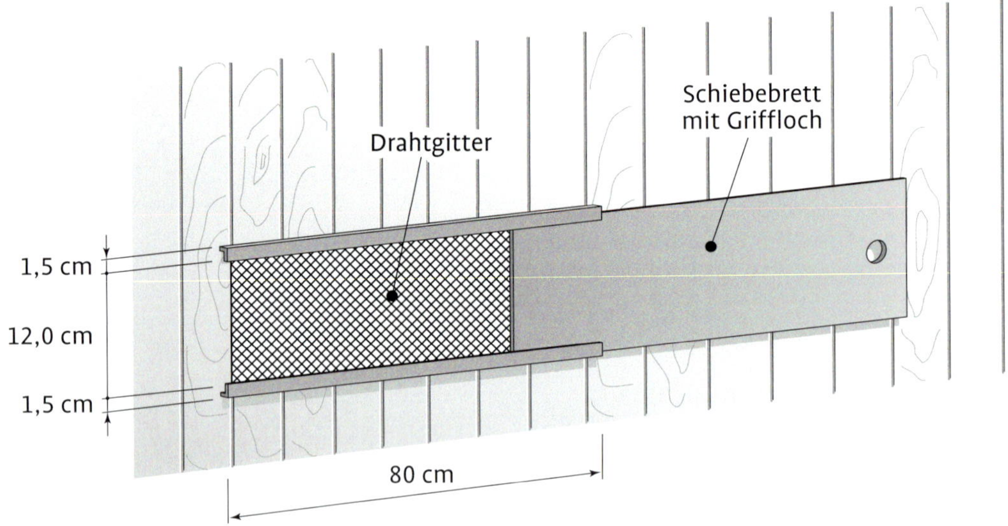

Funktioniert die Lüftung gut, dann ist das Drahtgeflecht in der Lüftungsöffnung relativ schnell mit Staub verschmutzt. Um die Funktionalität wieder herzustellen, sollte man es also regelmäßig abkehren oder gar austauschen.

Schwerkraftlüftung

Diese Variante ist in der privaten Taubenhaltung noch immer die Methode Nummer eins. Dazu wird die Schwerkraft der unterschiedlich warmen Luft genutzt, um eine ausreichende Zirkulation zu erreichen. Erwärmte Luft dehnt sich aus und steigt nach oben, kalte Luft sinkt ab. Dies führt dazu, dass sich die Luft von selbst umwälzt.

Luftzufuhr und -austritt erfolgen durch 20 Zentimeter unter der Stalldecke in der Wand eingebaute Öffnungen, die eine Höhe von zirka 10 Zentimetern haben. Damit Spatzen und andere Tiere keinen Zutritt haben, sollte ein engmaschiges Drahtgeflecht angebracht werden. Es kann es erforderlich sein, diese Lüftungsschlitze je nach Wetterlage zu verschließen. Sonst könnte zum Beispiel ein Schlagregen eindringen und das Schlagklima negativ beeinflussen. Einfache Schieber als Holz oder einem anderen Material erfüllen diesen Zweck sehr gut.

Luftzirkulation und Dachform

Bei Taubenschlägen mit Pultdächern kommt die kältere Luft an der Rückseite in den Schlag, senkt sich innen ab und steigt nach der Erwärmung auf. An der höheren Vorderseite verlässt die erwärmte Luft das Schlaginnere wieder durch die Lüftungsschlitze. Die niedrigere Eintritts- und die höhere Austrittsöffnungen sind also durch die Dachneigung beim Pultdach vorgegeben.

Bei Satteldächern sieht die Lüftung meistens etwas anders aus. Durch Lüftungsschlitze in unterschiedlicher Höhe könnte die gleiche Zirkulation wie beim Pultdach erreicht werden. Üblich ist aber die Dachlüftung, entweder mit speziellen Lüftungs- oder Dachfirstziegeln, oder indem man die Luft durch die Überlappung der Ziegel entweichen lässt. Damit das funktioniert, muss auch hier regelmäßig der Staub entfernt werden, am besten mit einem leistungsstarken Industriestaubsauger.

Lüftung über die Ziegel.

Wenn Sie den eigentlichen Dachraum nicht nutzen möchten, können Sie als Zwischendecke Schilfrohrmatten auf einen Holzrahmen legen. Das verhindert, dass die Tauben in den Dachraum fliegen. Die Matten sorgen aber dafür, dass sich darin ein üppiger Luftraum ansammelt. Sie wirken wie Filter und sollten mindestens einmal jährlich abgespritzt werden.

Lüftungsschlote

Bei einer geschlossenen Zwischendecke ist es sinnvoll, in der Schlagmitte Lüftungsschlote einbauen. Dazu können Sie einfache Holzschächte oder Kunststoffrohre verwenden, sie sollten auf jeden Fall mindestens 20 Zentimeter Durchmesser haben. Damit die kalte Luft eintreten kann, bauen Sie an zwei gegenüberliegenden Seiten der Schlagwände Lüftungsschlitze ein. Die erwärmte Luft steigt in der Schlagmitte nach oben und entweicht durch die Schlote.

Fensterlüftung

Tauben lieben Wärme und auch trockene Kälte macht ihnen nichts aus. Sie plustern ihr Gefieder auf und haben dadurch die beste Isolierung, die man sich denken kann. Sie können also die Fenster im Sommer und im Winter offen lassen. Der zusätzliche Luftaustausch kommt den Tauben entgegen. Nur bei sehr nasskaltem Wetter können Sie die Fenster schließen. Dann muss aber die Lüftung einwandfrei funktionieren, um die Feuchtigkeit aus dem Schlag zu entfernen.

Anstriche

Um die Materialien der Gebäudehülle zu schützen, ist es das Einfachste, sie anzustreichen. Denn wollen Sie möglichst lange Freude an dem Gebäude haben, ist dies vor allem im Außenbereich nötig. Neben der Funktionalität soll der Taubenschlag auch attraktiv aussehen. Er soll seinen Platz im Garten finden und dazu passen.

Gut zu wissen

Während Züchter sich sehr viel Gedanken um die Belüftung machen, sind sie beim Misten eher nachlässig. Gerade durch den trockenen Mist entsteht aber sehr viel Staub. Regelmäßiges Misten, am besten mit Staubmaske, hilft ganz besonders dabei, die Schlagluft zu verbessern.

Taubenschläge sollen ein Schmuckstück sein. Entweder passen Sie den Taubenschlag auch farblich an die Umgebung an oder Sie schaffen einen gewollten Akzent.

Die meisten Taubenschläge sind aus Holz. Damit das Holz lange hält, muss es fachgerecht geschützt werden. Ob Holzschutzlasur oder -farbe ist Geschmackssache. Während man bei der Lasur die Holzmaserung noch erkennt, deckt eine Farbe sie vollständig ab. Achten Sie darauf, dass es Lasur oder Farbe für den Außenbereich ist. Farben, die gleichzeitig für den Innen- und Außenbereich angeboten werden, sind der Versuch, die „eierlegende Wollmilchsau" anzubieten. Greifen Sie daher lieber nach dem Spezialprodukt.

Was die Wahl der Farben betrifft, müssen Sie eventuell Bebauungspläne mit ihren Ausführungen beachten, ansonsten sind Sie aber frei. Bedenken Sie noch, dass bei Holzschutzfarben und Lasuren dunklere Farbtöne mehr Pigmente enthalten und dadurch besser gegen Sonneneinstrahlung schützen als hellere.

Damit Sie auch die richtigen Farben verwenden und einen farbechten, haltbaren Farbaufbau machen, hilft eine Beratung im Fachgeschäft. Nehmen Sie dazu ein Stück Holz mit. Machen Sie darauf einen Probeanstrich, denn trotz Farbkarte kann der gewünschte Farbton auf dem eigenen Holz ganz anders wirken. Deshalb ist es auch für den Anfang

Gut zu wissen

Die meisten Farben sind auf Wasserbasis, das vereinfacht die Verarbeitung und Reinigung der Pinsel wesentlich. Farben auf Acrylbasis eignen sich ebenfalls sehr gut, weil sie sich etwas der Temperatur anpassen und dadurch haltbarer sind.

besser, Sie kaufen eine kleine Farbdose als Muster anstatt gleich ein großes Gebinde.

Doppelt hält besser

Bei Neuanstrichen ist ein zweifacher Anstrich anzuraten, eventuell kann noch eine Grundierung sinnvoll sein. Der Fachhandel bietet Produkte an, die einen wirkungsvollen Schutz gegen Blaufäule bieten. Je nach Holzart und -struktur ist es sinnvoll, das Holz zwischen den Anstrichen leicht anzuschleifen. Der Schutzgrund muss vollständig abtrocknen, ehe Sie den Schlussanstrich auftragen. Je nach Wetterlage dauert das zwei bis drei Tage.

In der Regel sollten Sie alle zwei Jahre einen Wiederholungsanstrich machen und zwar bevor die alte Farbe schon zu stark abgeblättert oder verwittert ist. Schmirgeln Sie vor dem Streichen die Fläche mit feinem Sandpapier und kehren die Farbreste und Staubpartikel mit einem sauberen Besen ab. Dann kann das Holz kann die neue Farbe besser aufnehmen.

Streichen Sie jedes Brett einzeln von oben nach unten. Dann gibt es keine sogenannten Farbnasen, da die Tropffarbe beim Streichen immer wieder aufgenommen wird. Achten Sie beim Streichen darauf, dass die Fläche nach Möglichkeit keine direkte Sonne abbekommt. Sie könnte kann dadurch zu schnell trocknen und es entstehen unschöne Farbübergänge.

Gut zu wissen

Greifen Sie zum Streichen auf gute Borstenpinsel zurück, die nicht gleich viele Borsten verlieren. Sie sind zwar etwas teurer, doch ist das Ergebnis des Anstriches besser.

Charakteristisch für unbehandeltes Holz ist die grau-silbrig glänzende Oberfläche, die dem Taubenschlag einen eigenen Reiz gibt.

Holz á la nature

Es ist auch möglich, das Holz überhaupt nicht zu streichen und sozusagen schutzlos der Witterung auszusetzen. Mit der Zeit bekommt es dann die typische graue Farbe. In den Mittelgebirgsregionen und den Alpen wird das schon seit Jahrhunderten praktiziert, ohne dass die Haltbarkeit des Holzes herabgesetzt ist. Das lag daran, dass das Holz früher nur zu bestimmten Zeiten geschlagen wurde und sehr lange Zeit zur natürlichen Trocknung hatte. Heute angebotenes Holz wird dagegen verhältnismäßig rasch in Trocknungskammern getrocknet und die Haltbarkeit ist deshalb deutlich geringer. Wer sich dennoch für diese Variante entscheidet, sollte den Schlag so platzieren, dass das Holz nach jedem Regenschauer vollständig abtrocknen kann. Entsteht Staunässe, hält das Holz bei weitem nicht so lange.

Auf Putz

Bei verputztem Mauerwerk ist die Farbwahl leichter. Handelsübliche Fassadenfarbe kann mit Mischmaschinen in einer beinahe unüberschaubaren Palette an Farben hergestellt werden. Wenn Sie etwas mehr Geld ausgeben wollen, können Sie eine Farbe mit Lotuseffekt verwenden. Sie ist wesentlich schmutzabweisender als normale Fassadenfarbe, so haben Sie länger Freude daran. Für eine vollständige Deckung wird ebenfalls zweimal gestrichen. Die Farbe wird mit einer dicken, saugfähigen Walze aufgetragen.

Die Haltbarkeit von Fassadenfarben ist deutlich höher als die von Holzschutzlasuren oder -farben. Deshalb ist ein Wiederholungsanstrich erst viel später nötig. Davor sollten Sie dann die Wand mit einem Hochdruckreiniger abspritzen.

Und innen?

Ob Sie den Innenbereich des Taubenschlages farblich gestalten, bleibt Ihnen überlassen. Es steht außer Frage, dass ein heller Innenanstrich frisch aussieht. Dazu verwendet man am besten eine Dispersionsfarbe. Aber auch Kalkmilch hat noch immer ihre Berechtigung, da sie desinfizierend wirkt. Dazu wird Löschkalk mit Wasser angesetzt. Bei der Verarbeitung ist auf jeden Fall Schutzkleidung anzuziehen, weil Kalkmilch ätzend ist. Das gilt auch für die im Fachhandel erhältliche Kalkmilch.

Dachkonstruktionen

Bei einem Neubau können Sie sich entscheiden, welche Dachform der Schlag haben soll. Da ein Satteldach aber mehr umbauten Raum benötigt als ein Pultdach, werden meistens Pultdächer gebaut. Sie sind einfacher in der Konstruktion und die Schlaggrundfläche kann größer gewählt werden. Nicht selten sind es nämlich die rechtlichen Vorgaben, die nur eine bestimmten Kubikmeterzahl für das Gebäude zulassen.

Auch das Dach des Taubenschlags soll sich gut in den Garten einfügen.

Wer großzügiger bauen kann, ist mit einem Satteldach sehr gut beraten. Der zusätzliche Raum kann für allerhand Nützliches verwendet werden, etwa Gerätschaften, die Sie unterbringen müssen.

Wenn Sie ein Satteldach bauen wollen, lassen Sie sich am besten von einem Fachmann helfen. Die Konstruktion und das Aussägen der Sparren erfordern schon einiges Wissen. Das Satteldach kann gleichschenklige oder ungleichschenkelig sein. Wenn Sie Ihre Tauben im Freiflug halten wollen, dann wählen Sie die Dachhöhe etwas üppiger, denn die Tauben fliegen ein solches Dach besonders gerne an.

Was die Dachneigung mit der Eindeckung zu tun hat

Die niedrigere Seite des Schlags sollten Sie so hoch machen, dass Sie im Innenraum noch bequem stehen können. Durch den Dachaufbau ergibt sich noch ewas mehr an Höhe. Die Dachneigung ist abhängig von der Art der Dacheindeckung. Bei Bitumenschindeln, Dachpappe oder auch Faserzementplatten reicht in der Regel eine Neigung von 10 bis 15 Prozent aus: also 10 bis 15 Zentimeter Gefälle auf einen laufenden Meter Dachlänge. Bei 15 Prozent läuft auf jeden Fall das Wasser schnell ab und diese Neigung reicht ebenfalls für tauende Schneelast.

Für ein Taubenschlagdach mit Ziegeln brauchen Sie mindestens 30 Prozent Gefälle. Außerdem ist die gesamte Konstruktion stabiler zu bauen, weil einiges an Gewicht zusammenkommt.

Im Gegensatz zu den anderen Dacheindeckungen ist bei Ziegeln eine Unterkonstruktion nötig. Dazu wird auf die Holzdecke, und zwar im Verlauf der Sparren, eine Dachlatte geschraubt. Darauf werden dann wiederum Dachlatten quer angebracht. Nehmen Sie Dachlatten in einer Stärke von drei Zentimetern. Sie sind zwar etwas teurer, aber auch stabiler. Der Abstand zwischen den Dachlatten richtet sich nach den verwendeten Ziegeln. Man muss dabei ziemlich genau arbeiten, denn die Schiebemöglichkeit von Ziegeln ist beschränkt.

Pultdach

Für ein Pultdach ziehen Sie beim Bau die Wände schon unterschiedlich hoch. Die spätere Dachneigung sollten Sie bereits bei der Planung festgelegen. Für eine höhere Stabilität verschrauben Sie den oberen Kranz aus Vierkanthölzern mit den Wänden. Er bildet die Auflage für die Sparren. Sie werden in einem Abstand von etwa 60 bis 80 Zentimetern entweder direkt oder durch Winkelverbinder mit der Wandkonstruktion verschraubt. Sind die Wände gemauert, sollte man auch die Sparren einmauern, um eine größere Stabilität zu erreichen.

Die Sparren haben in der Regel die Form eines hochstehenden Rechteckes. 6 × 10 oder 6 × 12 Zentimeter genügen normalerweise, wenn die überspannende Länge drei Meter nicht übersteigt. Das bringt so viel Stabilität, dass das Dach bei Bedarf auch betreten werden darf. Um bei einer größeren Dachneigung eine bessere Auflage zu erreichen, kann es nötig sein, die Sparren auszusägen. Je nachdem wie viel eingesägt werden muss, sollte eventuell eine größere Sparrenhöhe gewählt werden. Auf keinen Fall darf die Statik beeinträchtigt werden.

Bei einfachen Konstruktionen werden die Sparren von oben mit Holzbrettern oder -platten abgedeckt. Die Länge sollte mit einem seitlichen Dachüberstand gerechnet werden. Normalerweise reichen 30 Zentimeter Überstand aus. Wie beim Holzboden sollte die Plattenware die Sparrenweite so überdecken, dass die Stöße fast ausschließlich auf dem Sparren zu liegen bekommt.

Der vordere Dachvorsprung sollte 35 bis 40 Zentimeter betragen. Damit bietet er ausreichend Schutz. Am hinteren Dachvorsprung genügen 20 Zentimeter, um die Dachrinne zu montieren. Vergessen Sie aber nicht, jeder Vorsprung beeinflusst die Statik des Daches. Vor allem bei einem Ziegeldach kann ein zu großer Dachvorsprung durch das Gewicht der Ziegel zu Schwierigkeiten führen.

Dämmung des Dachs

Werden die Wände gedämmt, dann ist zudem eine Dachdämmung zu empfehlen. Am einfachsten ist die Zwischensparrendämmung. Der Fachhandel bietet dazu das richtige Material an, das mit einem Cutter zugeschnitten werden kann. Unabdingbar ist dann natürlich die untere Sparrenverkleidung. Entweder man verwendet hierzu ebenfalls Holzplatten oder auch Bretterware.

Vor dem Anschrauben sollte eine Folie angebracht werden, sodass zwischen Dämmung und Decke ein sauberer Abschluss entsteht. Sonst setzt sich der Federstaub früher oder später in der Dämmung fest. Das Dämmmaterial wird dann von oben in die Gefache gelegt, ehe von oben wiederum eine Folie als Dampfsperre angebracht wird. Sie verhindert, dass sich Feuchtigkeit in der Dämmung festsetzen kann. Erst dann wird die oberste Holzschicht aufgeschraubt.

Satteldach

Satteldächer sind besonders hübsch, das steht außer Frage. Die Dachneigung ist meistens mehr oder weniger 45 Grad. Bedenken Sie aber, dass Material- und Arbeitsaufwand bei einem solchen Dach wesentlich höher sind. Verkleidet wird das Dach wie ein Pultdach. Bei Ziegeleindeckung ist es sinnvoll, auf einen sogenannten Trockenfirst zurückzugreifen, denn dann müssen die Ziegel nicht eingemauert werden, sondern sie werden verschraubt.

Die Basis des Satteldaches ist wiederum der Kantholzkranz auf den Wänden. An den Giebelseiten wird mit Hilfe von Winkelverbindern ein senkrechter Stempel angebracht oder ein senkrechter Balken vom Boden aus bildet den Stempel. Darauf schraubt man die Firstpfette, also den Balken, auf den die Sparren aufgelegt werden. Je nach Länge der Firstpfette sind Stempel im Zwischenbereich nötig. Die Sparren haben wieder ein rechteckiges Hochformat. Sie müssen ausgesägt werden, und zwar an zwei Stellen: Bei der Auflage an der Firstpfette und am unteren Balkenkranz.

Dacheindeckung

Im privaten Bereich werden meistens Bitumen in Form von Schindeln, Bitumenbahn oder auch Faserzementplatten als Dacheindeckung verwendet. Ziegel aus Ton oder Beton eignen sich ebenfalls, doch höheres Gewicht und größerer Aufwand sind meist die Gründe, warum sie bei kleineren Bauvorhaben wie einem Taubenschlag kaum benutzt werden.

Bitumen

Die einfachste und günstigste Dacheindeckung ist die Bitumenbahn, landläufig „Dachpappe" genannt. Es gibt sie entweder besandet oder völlig glatt. Verwenden Sie für den Außenbereich die besandete, sie ist haltbarer und strapazierfähiger.

Bitumenbahn hat keine unendliche Haltbarkeit, nach etwa zehn Jahren ist sie teilweise so verwittert, dass neu eingedeckt werden muss. Kontrollieren Sie spätestens nach drei Jahren

Bei einem Satteldach ist es empfehlenswert, sich an der Neigung der umstehenden Gebäude zu orientieren. Damit fügt sich der Taubenschlag ideal in die Umgebung ein.

Dachstuhl für ein Satteldach.

das Dach im Frühjahr und Herbst regelmäßig und bessern Sie eventuell aus. Dabei ist es sinnvoll, Bahnen vollständig auszuwechseln, sonst entstehen im Laufe der Zeit mehrere Lagen Bitumenbahn übereinander.

- Bitumenbahn wird quer zum Dachverlauf von unten nach oben angebracht. Mindestens 20 Zentimeter sollten sich die Bahnen überlappen. An den Dachrändern muss die Bitumenbahn überragen, sodass man sie umschlagen kann.
- Nageln Sie die einzelnen Bahnen mit Dachpappestiften auf. Eleganter ist es, sie mit entsprechendem Kleber zu verbinden. Achten Sie besonders auf die Stöße, damit es dort keine Schwachstellen gibt.

Bitumenschindeln, die es in mehreren Formen und Farben gibt, sind haltbarer. Es sind immer mehrere Schindeln miteinander verbunden, und diese einzelnen Platten werden von unten nach oben im Versatz verlegt, sodass die vorgeschriebene Überlappung gegeben ist. Auf jedem Paket sind die entsprechenden Verlegeanleitungen aufgedruckt, damit kann eigentlich nichts schief gehen. Zusätzlich zum Aufnageln haben die Schindeln noch einen Klebestreifen an der Unterseite, der das Verbinden untereinander verstärkt.

Es gibt auch leichte und preisgünstige Bitumen-Wellplatten in mehreren Farben. Sie sind in etwa einen Meter breit und zwei Meter lang. Sie werden wie alle anderen Wellbahnen so aufgelegt, dass sie sich mindesten eine Welle überlappen. Verbunden mit dem Unterbau werden sie durch spezielle Kunststoffteile, die unter die Welle gelegt werden. Damit können Sie sie aufnageln oder festschrauben. Nehmen Sie nach Möglichkeit Edelstahlschrauben und sogenannte Schutzkappen für Schrauben. Außerdem sind vorgefertigte Teile für Giebel erhältlich, sodass sie sich ebenfalls für den Satteldachbau eignen.

Faserzement

Faserzementplatten enthalten kein Asbest mehr und sie lassen sich gut für die Dacheindeckung verwenden. Sie sind sehr leicht zu verarbeiten und äußerst haltbar. Sie sind einen Meter breit und variieren in der Länge, bis zu mehreren Metern. Dann allerdings wird das Handling schon etwas schwieriger. Am häufigsten sind sie dunkelbraun, es gibt aber auch andere Farben. Faserzementplatten werden komplett mit Schrauben oder einzeln angeboten. Selbst für den Firstbereich gibt es entsprechende Teile, sodass sie geradezu ideal für die Dacheindeckung sind.

Faserzementplatten lassen sich nur mit einem Winkelschleifer beschneiden. Dabei ist wegen der Staubentwicklung das Tragen einer Schutzmaske unverzichtbar. Um die Platten zu befestigen, müssen Sie sie vorbohren. Dann werden sie verschraubt und Sie können noch Kunststoffkappen aufbringen. Wenn Sie möchten, können Sie die Vorderseite mit passenden Abschlussplatten versehen, damit kein Ungeziefer oder auch Vögel in die Wellen schlüpfen. Es ist aber auch optisch schöner.

Ziegel

Neben Ziegeln aus Ton gibt es sie heute auch aus Beton. Diese sind schwerer, aber preisgünstiger. Ein riesiger Vorteil von Tonziegeln ist, dass sie Wärme speichern. In den früher häufigen Dachschlägen wurde es sehr geschätzt, wenn die ersten Sonnenstrahlen im Frühjahr die Ziegel erwärmt und damit in der Nacht dafür gesorgt haben, dass die Schlagtemperatur nicht zu stark fiel. In solchen Schlägen waren erfrorene Jungtauben unbekannt.

Gut zu wissen

Wenn Sie diesen Wärmeausgleich nutzen wollen, kommen Sie um ein Tonziegeldach nicht herum. Um Ungeziefer und Räuber bei einem Gartenschlag fernzuhalten, sollte unbedingt über den Sparren ein dichtes Drahtgeflecht gezogen werden.

Dachrinne

Damit das direkte Schlagumfeld bei Regenperioden nicht zur Sumpflandschaft wird, brauchen Sie eine Regenrinne. Es kommt selbst auf einer kleinen Dachfläche erstaunlich viel Wasser zusammen. Mit der Regenrinne leiten Sie das Wasser an eine gewünschte Stelle: die Kanalisation oder ein Sammelfass etwa zum Gießen von Pflanzen.

Durch spezielle Anschlüsse an Fallrohren können Sie eine Regentonne füllen und trotzdem das überschüssige Wasser in die Kanalisation leiten oder im Boden versickern zu lassen. Bei kleiner Dachfläche reicht es dazu oft schon, den Bereich unter der Regentonne etwa 20 Zentimeter tief auszugraben und mit Kies zu füllen. Einfacher ist eine Sickergrube. Dabei wird das Erdreich tiefer ausgegraben und mit grobem Kies gefüllt. Das Regenwasser führen Sie dann mit einer senkrecht angebrachten Kette nach unten.

Regenrinnen gibt es in vielen Größen, Längen und Querschnitten. Dazu brauchen Sie noch passende Halterungen, die mit Schrauben entweder an den Sparren oder der Dachschalung befestigt werden. Je nach Ausführung können Sie das Gefälle schon mitbestimmen, indem Sie die Halterungen entsprechend anbringen. Da man hier leicht täuschen kann, spannen Sie lieber eine Richtschnur und geben ihr mit Hilfe einer Wasserwaage gleich die richtige Neigung. Als Richtwert für das Gefälle einer Dachrinne haben sich etwa 0,5 bis 2 Prozent bewährt, also auf einen Meter Regenrinnenlänge etwa 0,5 bis zwei Zentimeter.

Gut zu wissen

Rinnen aus Kunststoff sind auch für Laien problemlos zu verarbeiten, schwieriger ist es bei solchen aus Titanzink oder Kupfer. Lassen Sie sich vom Fachmann helfen, um Fehler zu vermeiden.

Ein Stromanschluss im Schlag ist sehr nützlich, nicht nur, um einen Staubsauger anschließen zu können.

Technische Installationen

Strom und Wasser erleichtern die tägliche Arbeit im Taubenschlag ganz entscheidend. Der Fachelektriker ist Ihr kompetenter Ansprechpartner für alle Fragen rund um die Elektroinstallationen. Was nötig ist, hängt von vielen Faktoren ab. Lassen Sie sich vorher einen Kostenvoranschlag machen.

Stromanschluss

Wenn der Taubenschlag nicht direkt an ein Gebäude anschließt, muss ein Erdkabel gelegt werden. Über ein Leerrohr, das Sie am besten schon beim Schalen eingelegt haben, gelangt das Erdkabel in den Schlag. Das Erdkabel hat die Type NYY-JX 1,5/2,5 mm².

- Ein Erdkabel ist nach fest vorgeschriebenen Richtlinien zu verlegen: Es muss 60 Zentimeter unter der Erde geführt werden und rundum in Flusssand liegen.
- Auf das Erdkabel kommen noch einmal zehn bis 15 Zentimeter Flusssand, ehe ein farbiges Warnband darauf gelegt wird. Erst dann darf mit Erdreich aufgefüllt werden. Später ist bei Grabungsarbeiten dann sofort klar, dass hier ein Erdkabel verläuft.

Im Schlaginneren sollte man die Stromkabel in Leerrohren oder Kabelkanälen verlegen, deren Maße erfahrungsgemäß besser etwas über den Bedarf gewählt werden sollten. Wollen Sie dann zu einem späteren Zeitpunkt etwas ergänzen, ist noch genügend Platz in Rohren oder Kanälen.

Sehen Sie mindestens eine Steckdose für einen Tränkenwärmer vor, damit im Winter das Wasser nicht einfriert. Weitere Steckdosen etwa für heizbare Nistschalen sind schon ein gewisser Luxus. Auf jeden Fall müssen Steckdosen mit Schutzdeckeln verwendet werden. Und selbst da wird man feststellen, dass sich der Staub einen Weg bahnt.

Beleuchtung

Eine handelsübliche Leuchtstoffröhre oder eine Schiffsarmatur genügen, um im Taubenschlag für ausreichend Licht zu sorgen. Wenn es im Spätherbst und Winter früher dunkel wird, werden Sie dies zu schätzen wissen. Die Tageslichtphase im Taubenschlag lässt sich über eine Zeitschaltuhr künstlich verlängern, was sich positiv auf einen früheren Zuchtbeginn im Frühjahr auswirkt. Eine solche technische Raffinesse ist besonders für sehr engagierte und ehrgeizige Züchter interessant.

Da Tauben kälteunempfindlich sind, ist eine Heizung nicht nötig, aber bei dauerhaft feuchtem Schlagklima kann ein Frostwächter wahre Wunder bewirken. Das ist keine Heizung im eigentlichen Sinn, sondern eher eine Art Heizlüfter. Er schaltet automatisch ein, wenn die Temperatur unter 0 °Celsius zu sinken droht. Hängen Sie den Frostwächter im Wirtschaftsraum auf, profitieren Sie davon, wenn Sie zum Beispiel im Winter Ihre Tauben für die Ausstellungen vorbereiten.

Aus Brieftaubenzuchten sind sogar Fußbodenheizungen in den Schlägen bekannt. Das sollte aber die absolute Ausnahme sein. Für den Hobbyzüchter kommt so etwas kaum in Frage.

Gut zu wissen

Das der Leitung entnommene Wasser muss dem Abwasserkreislauf wieder zugeführt werden. Sie brauchen also einen Anschluss an die Abwasserleitung. Das bedeutet in der Regel größere bauliche Maßnahmen – und einen Fachmann.

Wassertechnik

Ob Sie im Taubenschlag einen Wasseranschluss legen möchten, hängt meist vom dafür nötigen Aufwand ab. An ein freistehendes Gebäude muss die Wasserleitung in Frosttiefe verlegt werden. Liegt sie höher, muss die Leitung beim Übergang zu Dauerfrostzeiten entleert und stillgelegt werden, damit sie nicht einfriert.

Ein Wasseranschluss mit Waschbecken im Wirtschaftsraum ist praktisch, denn Sie können die Tränke direkt dort reinigen und füllen. Bei mehreren Taubenschlägen lohnt sich vielleicht sogar der Einbau einer automatischen Tränkanlage. Dabei muss direkt an die Wasserleitung ein Ausgleichskasten angehängt werden. Planen Sie eine zusätzliche Abzweigung an der Wasserleitung ein.

Grundsätzlich sollten die elektrischen Einrichtungen übersichtlich und gut zugänglich sein. Steckdosen sollten Sie 30 Zentimeter über dem Bodenniveau installieren, denn das schafft einen gewissen Schutz vor allzu starker Verschmutzung.

Mit viel Begeisterung und Elan stürzen sich Tauben in die Badewanne, um mal richtig zu plantschen und bis auf die Haut nass zu werden.

Baden – Genuss für Tauben

Es ist nicht nur bloßes Wohlgefühl für die Tauben, es auch wichtig für die Gesundheit ihres Gefieders. Vor jedem Bad tauchen die Tauben ihren Schnabel mehrmals ins Wasser und trinken davon. Also sollte das Badewasser frisch sein.

Wenn die Tauben nicht mit Regen in Kontakt kommen, weil die Voliere überdacht ist, müssen sie regelmäßig baden können. Geben Sie Ihren Tauben einmal wöchentlich die Gelegenheit dazu – in der heißen Jahreszeit gern öfter. Und selbst im Winter ist nichts dagegen einzuwenden, dann muss nur genügend Tageszeit bleiben, damit das Gefieder vollends trocknen kann.

Die Praxis zeigt, dass regelmäßige Bademöglichkeit nicht zu verminderter Federqualität führt. Im Gegenteil, fehlt das Bad, wird das Gefieder stumpf und struppig. Feuchtigkeit ist für eine gute Federstruktur unverzichtbar. Nur dann bleibt die Feder elastisch und hält Belastungen aus.

Während der Zuchtzeit kommt durch das im Gefieder mitgeschleppte Wasser ausreichend Feuchtigkeit ins Nest, das mit fortwährender Brutdauer die Eischale mürbe macht.

Während der Mauserzeit erhalten die nachwachsenden Federn die nötige Feuchtigkeit für eine optimale Entwicklung.

Die Badewanne

Als Bad verwenden Sie am besten etwa zehn Zentimeter hohe Wannen oder sehr große Blumentopfuntersetzer, die nicht zu tief sind. Eine Taube muss auf jeden Fall darin stehen können. Ist die Wanne tiefer, kann sie ertrinken, vor allem dann, wenn nicht alle Tauben auf einmal Platz in der Wanne haben. Zu Beginn der Badezeit ist der Andrang immer besonders groß und es wird schon einmal eine Taube dabei untergetaucht.

Sie können einen Zusatz ins Badewasser geben, zum Beispiel spezielles Taubenbadesalz aus dem Fachhandel. Züchter geben dem Badewasser auch gern Obstessig zu. Neben dem Schmutz sollen die Zusätze auch den Federstaub abwaschen.

Die Federstaubschicht sehen Sie auf der Wasseroberfläche, nachdem die Tauben gebadet haben. Bei fahlen Farbenschlägen, die mehr Puder haben, bildet sich auch entsprechend mehr Staub. Spätestens am nächsten Tag sind die Federn aber wieder nachgepudert und strahlen in neuem Glanz.

Die Dusche

Schließen Sie einen Brausekopf an einen Gartenschlauch an und hängen ihn etwa 70 Zentimeter über die Badewanne. Die Tauben lieben es, sich beregnen zu lassen. Vielleicht ist es für sie der Ersatz für den Landregen, in den sie sich so gerne legen.

Anders bei Dauerregen, dann ziehen sich die Tauben in den Schlag zurück. Vielleicht ist diese Beobachtung der Grund dafür, dass immer mehr Taubenzüchter die Volieren überdachen und lieber selbst entscheiden, wann und wie lange die Tauben baden.

Trocknen mit Aussicht in der Abendsonne, die Taube scheint das richtig zu genießen.

Die ideale Einrichtung im Taubenschlag ist einfach und praktisch.

Inneneinrichtung und Unterteilungen

Individuelle Lösungen in der Inneneinrichtung sind viel häufiger zu sehen als standardisierte. Gerade im Innenbereich wird immer wieder optimiert, um sowohl dem Besitzer als auch den Tauben die besten Rahmenbedingungen zu bieten.

Wer nur wenige Tauben hält und keine großen züchterischen Ambitionen hat, kann eventuell völlig auf eine Unterteilung verzichten. Bei manchen Rassen trägt sie jedoch erheblich zur besseren Entwicklung und zum Wohlbefinden der Tauben bei. Dabei hat es sich, selbst bei kleinen Platzverhältnissen bewährt, den Raum zumindest teilweise zu unterteilen. Dies ist vor allem außerhalb der Zuchtzeit ratsam. Hierbei können bewegliche Elemente die Lösung sein.

Gut zu wissen

Das Ziel sollte immer die rassetypischste Ausführung sein. Im täglichen Umgang sollte der Betreuungs- und Pflegeaufwand einigermaßen im Rahmen bleiben.

Zuchtschlag

So bald in einem Taubenschlag Jungtiere nachgezogen werden, spricht man von einem Zuchtschlag – eigentlich der Normalfall. Neben den üblichen Gerätschaften wie Futtertrog, Tränke und Gritgefäß sind die Nistzellen das Besondere am Zuchtschlag.

Üblicherweise wird eine komplette Schlagwand mit Nistzellen verbaut, wie bei einem Einbauschrank. Dabei hat sich bewährt, die Nistzellen gegenüber der Eingangstür oder an der Rückwand anzubringen. Das hat den Vorteil, dass Sie die Paare gut beobachten können. Dadurch werden, vor allem bei flüchtigen Rassen, die Tauben auch mehr in den Nistzellen gehalten. Das kann für mehr Ruhe sorgen.

Strittig ist, ob zusätzliche Sitzplätze im Zuchtschlag vorhanden sein sollen. Sind keine eingebaut, sitzt das gerade nicht brütende Tier ebenfalls die meiste Zeit in der Nistzelle und kann so dieses engere Revier verteidigen. Dies ist vor allem bei Rassen zu empfehlen, die ein gewisses Aggressionspotenzial besitzen. Sind zusätzliche Sitzplätze vorhan-

Nistzellen können ganz einfach gebaut sein.

Farbliche Markierungen an den Nistzellen helfen den Tauben bei der Orientierung.

den, kommt es vor, dass der Partner dort ausruht, während andere Schlagbewohner in die Nistzelle eindringen. Das stört den Brutverlauf erheblich und führt im schlimmsten Fall sogar zum Verlust des gesamten Geleges.

Sitzplätze sperren

Da die wenigsten Taubenhalter den Zuchtschlag außerhalb der Zuchtzeit ungenutzt lassen, sind Alternativen gefragt. Sinnvoll ist es also, die Sitzplätze während der Zucht zu sperren. Bei Sitzregalen ist das Verschließen mit einer dünnen Holzplatte oder auch einer stabilen Kunststofffolie möglich. Dabei ist darauf zu achten, dass die Sperre möglichst einfach angebracht ist. Dann lässt sie sich nämlich schnell anbringen und wieder entfernen. Noch einfacher ist es, wenn breitere Holzlatten senkrecht die Regalreihen verschließen.

Bei Sitzreitern oder auch Tellersitzen ist das etwas schwieriger. Doch montiert man sie von vornherein nicht direkt an der Wand, sondern auf Holzbrettern, braucht man nur das Brett zu entfernen. Oder sind in die Wand Gewindestangen eingelassen und das Brett entsprechend vorgebohrt, können die Sitze leicht mit einer Flügelmutter befestigt werden. Um das Gewinde auf Dauer zu schonen, sollte die Vorbohrung im Brett etwa zwei Millimeter größer als der Gewindedurchmesser sein.

Jungtierschlag

Damit sich Jungtiere optimal entwickeln können, brauchen sie Platz und Ruhe. Das haben sie am ehesten unter sich. In einem Jungtierschlag können sie ein Revier bilden und sind nicht ständig Rangeleien mit Alttieren ausgesetzt. Da Jungtiere während der ganzen Zuchtzeit abgesetzt werden, ist es im fortschreitenden Jahr zu empfehlen, immer mehrere junge Tauben auf einmal in den Jungtierschlag zu setzen. Sie können sich dann gegen ältere Jungtauben und hier hauptsächlich Jungtäuber, die schon im Trieb sind, leichter durchsetzen. Im Grunde ist der Jungtierschlag bei nahezu allen Taubenzüchtern, die an Wettbewerben teilnehmen, Standardeinrichtung.

In der reinen Hobbyhaltung können Sie auch ohne auskommen. Aber aufgepasst: Tauben sind nicht so friedfertig, wie man gemeinhin annimmt. Kommt es zu Aggressionsverhalten gegenüber Jungtieren, muss ihnen entweder mehr Platz geboten oder ein Jungtierschlag eingerichtet werden.

Gut zu wissen

Bei manchen Rassen kommt es selbst bei sehr großzügigen Platzverhältnissen zu Problemen zwischen Jung und Alt. Dann geht es nicht ohne Jungtierschlag.

So viele Sitzplätze wie möglich

Im Jungtierschlag ist darauf zu achten, dass die Anzahl der Tauben ihrer Größe und den vorhandenen Sitzplätzen angepasst ist. Sonst sind ständige Auseinandersetzungen mit anderen Jungtieren und eine zögernde Entwicklung die Folgen. Auf jeden Fall sollten so viele Sitzplätze wie möglich eingebaut werden. Je nach Rasse haben sich Sitzregale, Sitzreiter oder auch Sitzteller bewährt.

Babyschlag

Tauben sind Nesthocker und werden von ihren Eltern umsorgt. Der Übergang in die Selbstständigkeit kann deshalb Probleme verursachen. Vor allem, wenn sie beispielsweise von Alttieren ständig vom Futtertrog vertrieben werden und dann nur noch die Restkörner bekommen. Hinzu kommt, dass die frisch abgesetzten Jungtiere meist noch Schwierigkeiten haben, Futtertrog und Tränke zu finden.

In größeren Zuchtbeständen mit mehreren Jungtierschlägen können Jungtiere jeder Brut separat abgesetzt werden. Lässt sich dies nicht verwirklichen, kommt der Babyschlag ins Spiel. Das ist in den meisten Fällen nur eine Box mit den Maßen 50 × 50 cm bis 70 × 50 cm, aber da Jungtauben nur drei bis fünf Tage in der Babybox bleiben, reichen diese Maße aus.

Halten Sie sicherheitshalber mehrere solcher Boxen parat. Zwei Jungtauben sollten darin bequem Platz finden. Ziel ist es, die Tiere ab-

Gut zu wissen

Die Bauweise kann wie bei einem Kaninchenstall sein, inklusive der Kotwannen aus der Kaninchenzucht. Diese gibt es in Standardgrößen und auch preisgünstig maßgemacht. Legt man den Boden mit saugfähigem Papier aus, ist die Box schnell gereinigt.

solut futter- und wasserfest zu machen. Bei zwei Jungtauben wird eine schnelle Angewöhnung durch einen gewissen Konkurrenzdruck gefördert.

Farbleitsystem

Da die Babytauben anschließend in den Jungtier- oder wieder in den Zuchtschlag kommen, ist es sinnvoll, die Babybox mit Trink- und Futtergefäßen in der gleichen Farbe wie in dem anderen Schlag auszustatten. Dann geht die Umgewöhnung umso schneller. Vor allem bei den Tränken ist das sehr hilfreich. Manche Züchter stellen sogar gleich eine Ausstellungsbox für die gerade abgesetzten Jungtauben auf. Der Vorteil ist, dass diese danach wieder abgebaut werden kann.

Standort der Babybox

Sie kann im Vorraum des Taubenschlages, im Jungtierschlag oder aber auch im Zuchtschlag stehen. Im Zuchtschlag können die Alttiere weiterhin füttern. Es ist inzwischen klar geworden, dass die Entwicklung der Jungtiere durch eine etwas längere Fütterung gefördert wird. Eine Babybox steht dann im Zuchtschlag idealerweise auf dem Boden, jedoch nicht in einer Ecke, weil sich dort Schmutz anhäuft. Sie sollte mit Vorsatzgittern aus Holzstäben versehen werden. Bei einem Abstand der Stäbe von etwa fünf Zentimeter können die Alttiere noch füttern, die Jungtiere sind aber geschützt.

Offene Schlagabtrennung haben viele Vorteile. Der Luftaustausch in größeren Räumen ist meistens besser und Sie können kann das Treiben in mehreren Schlägen beobachten, ohne direkt im Schlag zu stehen.

Abtrennungen

Oft ist es sinnvoll, große Schläge zu unterteilen. So lässt sich zum Beispiel leicht ein Jungtierschlag einrichten. Auch bei mehreren Taubenschlägen in einem Gebäude sind unbedingt Zwischenwände nötig. Im Gegensatz zu den Außenwänden sind Abtrennungen selten geschlossen.

Vor allem aus Brieftaubenschlägen kennt man Trennwände aus senkrechten Rundholzstäben im Abstand von rund fünf Zentimetern. Die Stabdicke sollte mindestens 10 Millimeter betragen, um eine gewisse Stabilität zu erreichen. Sie können die Abtrennung nach dem gleichen Prinzip auch mit Dachlatten bauen. Das erhöht die Stabilität, aber die Durchsicht ist eingeschränkt.

Abtrennungen aus durchsichtigen Kunststoffplatten sind zwar verlockend, doch solche Flächen ziehen den Staub geradezu magisch an, sodass der Durchblick schnell verloren geht. Es besteht aber kaum die Gefahr, dass die Tauben dagegen fliegen.

Aus der Praxis weiß man, dass die offene Fläche der Trennwand nicht bis auf den Schlagboden reichen sollte, sondern je nach Taubenrasse etwa 30 bis 60 Zentimeter hoch sein sollte. Rangeleien von Tauben zwischen den Schlägen und die Verschmutzung der Zwischenwand im unteren Bereich werden dadurch verhindert.

Estrichmatten sind ein ideales Material für die offenen Bereiche von Trennwänden.

Rahmenkonstruktion

Für den Rahmen der Zwischenwände verwenden Sie am besten gehobelte Balken – so stark wie nötig und so schwach wie möglich. Nehmen Sie auch für den unteren Bereich der Trennwand gehobelte Ware. Sägerau hat den Nachteil, dass sich Staub und kleinste Daunenfedern darin festsetzen. Obwohl dies in erster Linie ein ästhetisches Problem zu sein scheint, sollte man die Staubentwicklung nicht unterschätzen.

Wichtig ist, die offene Wandfläche so zu gestalten, dass sich nur wenig Staub verfangen kann. Kleinmaschiges Drahtgeflecht scheidet deshalb aus. Es ließe sich auf Dauer nur unzureichend reinigen. Wesentlich besser eignen sich die aus dem Bodenaufbau bekannten Estrichmatten in der Größe von 100 × 200 Zentimetern. Sie haben die Maschenweite von 5 × 5 Zentimetern, sind leicht und lassen sich mit einer Drahtschere auf das passende Maß schneiden. Selbst die Verbindung dieser Matten untereinander ist mit speziellen Klammern und der passenden Zange ganz leicht.

Nistzellen

Die Nistzelle ist die eigentliche Wohnung der Tauben. Hier spielt sich zumindest in Zuchtschlägen ein Großteil ihres Lebens ab. Sie ist oft Ort der Paarung, hier wird gebrütet, werden die Jungtiere aufgezogen und zu guter Letzt wird hier das Revier heftig verteidigt.

An den Nistzellen scheiden sich aber oft die Geister und jeder Züchter hat seine eigenen Vorstellungen davon: von einfachster „Hütte“ bis zur absoluten „Luxusvilla“.

Den Tauben ist es nicht wichtig, wie die Nistzellen aussehen. Sie haben das Bedürfnis, ihre Eier zu legen und die daraus schlüpfenden Küken aufzuziehen. Wie anspruchslos sie dabei sind, machen uns Stadttauben und wildlebende Felsentauben vor: Ihnen genügt ein Vorsprung

Meistens sind die Nistzellen wie eine Regalwand oder ein Schrank im Schlag eingebaut.

irgendwo an einem Gebäude oder in natürlichem Gestein. Diese Tauben sind weder besonders groß, noch besitzen sie eine auffallende Federstruktur. Zur Paarung ziehen sie sich an einen ungestörten Ort zurück. Unsere Haustauben können das meistens nicht.

Form und Größe

Für Tauben in „Stadttaubengröße" haben sich Nistzellen in der Größe von 50 × 50 × 50 Zentimetern bewährt. Sie ermöglichen es den Tauben auch, sich in der Nistzelle zu paaren. Je größer die Taubenrasse ist, desto großzügiger sollten die Nistzellen sein. Für die „Riesen" sind Maße von 100 × 80 × 80 Zentimeter nicht selten.

Bedenken Sie bei allen Maßvorgaben, dass sie in der Praxis den eigenen Platzverhältnissen angepasst werden. Ist beispielsweise die Schlagwand 130 Zentimeter breit, werden Sie wahrscheinlich zwei Nistzellen mit je etwa 65 Zentimetern einbauen. Dann ist der Platz vollständig ausgenutzt und es entstehen keine toten Staubwinkel. Zudem haben Sie die Chance, diese Nistzellen weiterhin zu nutzen, wenn Sie eine andere Rasse züchten möchten.

Im Idealfall ist die Nistzelle so groß, dass darin auch die Folgebrut stattfinden kann. Manche Züchter trennen diese zwei Bereiche entweder durch ein Brett oder durch eine Trennwand, wobei der Kontakt zwischen den Hälften gegeben sein sollte. Das Innere der Nistzelle ist meistens so gestaltet, dass die Nistschale auf den Boden stehen kann.

Am häufigsten werden die Nistzellen regalartig oder in Form eines Einbauschrankes gebaut. Das ist praktisch und die Tauben benutzen diese Zellen ohne Probleme. Schon in den vorchristlichen Taubentürmen wurden die Nistnischen dicht beieinander aufgereiht.

Taubenzüchter suchen aber immer nach anderen, auch moderneren Lösungen. So findet man öfter einzeln angebrachte „Nistkästen", die wahllos im Schlag verteilt erscheinen, und die die Tauben ganz besonders gerne annehmen. Darüber hinaus berichten die Züchter davon, dass es weniger Revierstreitigkeiten gäbe. Im Gegenzug sind aber Betreuungsaufwand und Platzanforderungen an den Taubenschlag deutlich größer. Trotzdem mag es für eine kleine Taubenhaltung die

Überlegung wert sein, sich vom standardisierten Nistzellenschrank zu verabschieden.

Baumaterial

Für die Nistzellen eignen sich alle möglichen Holzarten, zwar sowohl Massivholz als auch gepresste Plattenware. Verwenden Sie bei Pressspanplatten auf jeden Fall die wasserfest verleimte Variante, sonst wäre die Haltbarkeit gering. Neben dem Taubenkot, der mehr oder weniger die Struktur angreift, würde das Reinigen mit dem Spachtel das Holz beschädigen.

Die Holzoberfläche sollt möglichst glatt sein. Bei Massivholz kommt nur gehobelte Ware in Betracht und Hartholz wie etwa Buche eignet sich besser als die weicheren Nadelholzarten, auch für Holzboden.

Für eine bessere Hygiene gibt es seit Jahren Gitterroste über dem eigentlichen Nistzellenboden. Für die leichtere Reinigung können sie herausgezogen werden. Decken Sie den Boden noch mit Zeitungspapier ab, wird der Nistzellenboden fast nicht beansprucht. Die Tauben kommen bei dieser Form nicht mit dem Kot in Berührung.

In der Brieftaubenszene hat sich dies bewährt. Die Brieftauben schreiten fast unmittelbar zur Brut, nehmen die Nistschalen gern an und bauen gleichmäßige Nester. Bei allen anderen Tauben läuft das nur selten so ab. Die Tauben legen immer wieder auch Eier auf die Gitterroste statt in die Nistschalen. Dann muss doch für einen dichten Untergrund gesorgt werden, mit dem entsprechenden Mehraufwand.

Auch bei Kotbändern unter den Nistzellen sind Gitterroste unverzichtbar. Nur dann fällt der Kot auf das Band und kann entsorgt werden. Für große Taubenbestände sicherlich eine enorme Arbeitserleichterung. So gehört diese Technik schon seit Jahren zum Standard in der Brieftaubenhaltung. Der finanzielle Aufwand für die Installation, zu Beginn noch sehr hoch, liegt durchaus im Rahmen, kommt aber für eine kleine Taubenhaltung eher weniger in Betracht.

Nistzellenfronten

Felsentauben in freier Natur sind beinahe Höhlenbrüter. Für den Nestbau bevorzugen sie ge-

Gut zu wissen

Beschichtete Platten sind für die senkrechten Abtrennungen geeignet, nicht aber für Nistzellenböden – auch wenn ihr Einbau verlockend erscheint. Sie besitzen keinerlei Saugfähigkeit und durch den abgegebenen Kot der Jungtiere in der Nistzelle kann dann ein sehr nasses, schmieriges Milieu entstehen.

Bei diesen Nistzellen befindet sich ein Kotband unter den Gitterrosten. Zur Reinigung wird es über ein Rollensystem weiterbewegt und der Kot in einen Behälter außerhalb des Schlages abgestreift.

schützte, etwas abgedunkelte Plätze. Dieses arteigene Verhalten zeigen auch die Haustauben noch, doch sie sind so anpassungsfähig, dass sie jeden weiteren nutzbaren Raum annehmen, sofern er Schutz bietet.

Zur Reinigung und Kontrolle der Nistzellen sollten die Fronten abnehmbar oder zu Öffnen sein. Wenn Sie dies für die einzelne Nistzelle oder für eine Nistzellenreihe einplanen, können Sie an der Nistzelle auch Platz für die sogenannte Nistzellenkarte berücksichtigen. Dort werden die Ringnummern der Jungtiere und Eltern eingetragen – unverzichtbar bei gezielter Zucht.

Um den Bedürfnissen der Tauben zu entsprechen, strukturieren die Züchter meistens die Fronten der Nistzellen. Die Varianten zeigen viel Fantasie und reichen von nur noch kleinen Öffnungen bis hin zu dünnen Holzrahmen mit Stabfüllung. Auf jeden Fall sollten Sie das Wesen der Rasse berücksichtigen. So favorisieren manche Taubenrassen die dunkle, andere eine offene Nistgelegenheit.

In einer verschließbaren Nistzelle kann sich das Paar ungestört näher kommen.

Für etwas zänkischen Rassen können offene Nistzellenfronten ideal sein. Zwar mögen dann fremde Tauben in die Nistzelle eindringen, sie werden von den Besitzern aber ebenso schnell wieder hinausgescheucht. Die Eier und Küken nehmen dabei kaum Schaden.

„Aus den Augen, aus dem Sinn" ist eine andere Variante. Dabei wird die Nistschale direkt hinter eine geschlossene Wand gestellt. Die brütende Taube ist nicht sichtbar und damit besteht kein Anreiz für eine Auseinandersetzung. In jedem Fall sollte der nicht brütende Elternteil die Möglichkeit haben, am offenen Teil der Nistzelle zu sitzen. Dies hält in der Regel fremde Tiere davon ab, in die Nistzelle einzudringen. Werden noch die weiteren Sitzgelegenheiten im Schlag entfernt oder verdeckt, zwingt dies den Partner geradezu in die Nistzelle und im Schlag herrscht Frieden.

Nistzellen zum Anpaaren

Beim gezielten Verpaaren zweier Tiere sollte die Nistzellen verschlossen werden können. Das Anpaaren kann selbstverständlich auch in einem separaten Käfig geschehen, in der Nistzelle hat es den Vorteil, dass sie gleich in Besitz genommen wird. Gibt man die Täubin zum

Täuber, der die Nistzelle schon bewohnt, entstehen kaum Probleme.

Als weitere Orientierungshilfe dienen Farbmarkierungen an der Nistzelle, denn Tauben erkennen Farben und Strukturen sehr genau. Dokumentieren Sie genau, in welcher „Farbe" ein Zuchtpaar zu Hause war, denn im nächsten Jahr ist der Drang groß, wieder dorthin zu fliegen. Umhängbare Farbmarkierungen helfen, die Tauben dahin zu lenken, wo man sie haben will.

Weil handwerkliche Arbeit immer teurer wird, sind geflochtene Nistkörbe, früher bevorzugte Nisthilfen, fast völlig verschwunden. Abgesehen von der etwas schwierigeren Reinigung waren sie ideal. Aber selbst dies ist in den Griff zu bekommen.

Etagenbrut

Bei Nistzellen mit etwas knappem Platzangebot kann die Etagenbrut eine sinnvolle Lösung sein. Dazu wird mindestens 20 Zentimeter über dem Zellenboden ein Zwischenboden eingezogen, ob auf der ganzen Breite der Nistzelle oder nur im Bereich der Nistschale, bleibt dabei Ihnen überlassen. Die Tiefe des Zwischenbodens orientiert sich aber immer an der Größe der Nistschale. Sie muss gut darauf stehen können. Für eine höhere Standfestigkeit kann dieser Zwischenboden auch so ausgesägt werden, dass die Nistschale darin versenkt werden kann. Das haben Tauben übrigens besonders gerne.

Der eigentliche Ablauf funktioniert dann folgendermaßen: Für die erste Brut wird die Nistschale auf den Nistzellenboden gestellt und das erste Gelege dort ausgebrütet. Beginnen die Alttiere mit den Vorbereitungen für die nächste Brut, stellen Sie die neue Nistschale auf den Zwischenboden. Diese Brut wird durch die früheren Jungtiere nicht gestört. Schlüpfen die Küken der zweiten Brut, bleiben sie noch für ungefähr zehn Tage auf dem Zwischenboden. Danach stellen Sie sie mitsamt der Schale auf den Nistzellenboden. Sie werden hier vollends aufgezogen, ehe das Ritual von neuem beginnt. Das hört sich vielleicht etwas kompliziert an, die meisten Tauben kommen damit sehr gut zurecht. Bei dieser Methode überwiegen die Vorteile stark, denn sie führt zu einer störungsfreien Brut und Aufzucht.

Nistschalen

Nistschalen sollen schon seit langer Zeit dem Taubennest mehr Zusammenhalt geben. Früher waren sie hauptsächlich aus Ton und solche gibt es noch heute. Sie sind standfest, günstig in der Anschaffung, leicht zu reinigen und halten die Wärme gut. Nachteilig ist die große Bruchgefahr und dass die Oberfläche sehr glatt, eventuell sogar rutschig ist, vor

Der Garten als Fundgrube für Nistmaterial

Tauben sind schlampige Nestbauer. Wenn sie viel Nistmaterial zusammentragen, wirkt es wie wahllos hingelegt. Sie tragen alles ins Nest, was sie es im Schnabel transportieren können und Sie werden überrascht sein, was Ihre Tauben so alles als geeignet ansehen.

Bei Volierenhaltung muss man das Nistmaterial zur Verfügung stellen. In der Vergangenheit war Stroh das Nistmaterial schlechthin, leicht zu beschaffen und von den Tauben gern genommen. Je nach Getreidesorte ist es weich oder hart. Weizenstroh eignet sich am besten.

Einem reinen Strohnest fehlt aber oft die Stabilität. Bei flüchtigen Rassen kann es dann vorkommen, dass das Nest auseinandergeschoben wird, wenn die Taube sich schnell von den Eiern oder Jungtieren entfernt, das kann zu Verlusten führen. Es ist also sinnvoll, den Tauben in regelmäßigen Abständen zusätzliches, stabilisierendes Nistmaterial anzubieten. Kürzen Sie zu langes Nistmaterial vorher mit einer Gartenschere auf Handlänge.

Je vielfältiger die Zusammensetzung, desto fester und stabiler wird das Nest. Wenn Sie mit offenen Augen durch Gärten und Parks gehen, werden Sie schnell fündig.

An erster Stelle steht Birkenreisig. Die dünneren Ästchen werden das ganze Jahr vom Wind herabgeweht. Sie sind äußerst biegsam und leicht. Im Herbst können Sie sich davon ein kleines Depot anlegen. In einem Jutesack gelagert, bleiben die positiven Eigenschaften bis zum nächsten Jahr erhalten.

Walnussblattstängel haben schon die passende Länge. Lassen Sie abgefallenes Laub trocknen, die Fiederblätter fallen ab oder bleiben nur in Resten hängen, die nicht stören. Füllen Sie vor allem die Stängel in Säcke. Ihnen wird eine ungeziefer-hemmende Wirkung nachgesagt, was im Nest von Vorteil ist.

Lavendel-, aber auch Salbei-, Bohnenkraut- oder Petersilienstängel eignen sich getrocknet sehr gut für den Nestbau.

Gut zu wissen

Pappnistschalen sind äußerst günstig und halten eine Brut lang, mit Nisteinlagen auch länger. Diese Einwegnistschalen haben eine raue Oberfläche, was für die Küken einen guten Halt verspricht. Sie sind sehr leicht und werden deshalb gerne verschoben – vielleicht ihr einziger Nachteil.

allem bei einem dürftigen Nest. Dies passiert auch bei Schalen aus Vollgummi oder Kunststoff, wo es außerdem zu Schwitzwasserbildung kommen kann. Einlagen, mit doppelseitigem Klebeband angebracht, könnten dies verhindern. Dann sind sie eine echte Alternative und von unbegrenzter Lebensdauer.

Von den aus gepressten Holzspänen hergestellten Nistschalen lässt sich dies nicht behaupten. Sonst haben sie aber wirklich alle Vorzüge. Mit etwas Sorgfalt beim Reinigen haben Sie auch an ihnen lange Freude.

Mit diesen gängigen Nistschalen, die meist einen Durchmesser von 23 bis 25 Zentimeter haben, bieten Sie den meisten Taubenrassen eine praktikable Nisthilfe an. Vor allem für die Riesen und Schwergewichte in der Taubenwelt kommen Sie aber damit kaum weiter. Wesentlich besser geeignet sind größere Küchenschüsseln aus Kunststoff oder auch quadratische Holzrahmen, entweder direkt so oder mit Sackleinen bespannt.

Eine Sonderstellung nehmen die elektrisch beheizbaren Nistschalen ein. Sie sind aus Kunststoff und temperierbar. Sie haben schon manchem Taubenküken im zeitigen Frühjahr und bei starken Nachtfrösten das Leben gerettet. Sind die Küken noch nackt, sitzen die Eltern fest, haben die Kleinen aber Federkiele, bleiben sie immer länger ohne wärmenden Schutz der Alttiere. Trotzdem dürfen heizbare Nistschalen aber nie zur Regel werden.

Federfang

Tauben mausern einmal jährlich und werfen dabei das alte, abgenutzte und eventuell beschädigte Gefieder komplett ab. Bei rund 3500 Federn pro Taube kommt da einiges zusammen. Die Luftströme durch Lüftung oder das Auffliegen der Tauben wirbeln die Federn im Taubenschlag umher, das bedeutet zusätzliche Staubentwicklung, die man sich eigentlich nicht wünscht.

Gut zu wissen

Wenn Sie den Mist Ihrer Tauben kompostieren, können Sie die wertvollen Mauserfedern mit dem Stroh gleich dazu mischen. Das wirkt sich sehr günstig auf die Kompostierung aus.

Entfernen Sie die abgeworfenen Federn deshalb regelmäßig. Dabei hilft der sogenannte Federfang: Um die unterste Nistzellenreihe vor großer Staub- und Schmutzbelastung zu schützen, beginnt sie erst etwa 30 Zentimeter über dem Bodenniveau. Damit die Tauben darunter nicht brüten, wird dieser Abschnitt mit einem Brett verschlossen, das am Boden einen etwa fünf Zentimeter hohen Ausschnitt hat. Die Luftströme sorgen dafür, dass die Federn hier hinein gewirbelt werden. Um sie zu entfernen, braucht man also nur das Brett wegzunehmen. Entweder Sie wählen eine leicht zu lösende Befestigung oder geben dem Brett seitliche Schenkel. Dann brauchen Sie es bei Bedarf nur vorzuziehen.

In Taubenschlägen, in denen nur sehr wenige oder hochliegende Nistzellen vorhanden sind, ist der Einbau eines Federfanges kaum möglich. Dann kann eine Handvoll Stroh den gleichen Effekt bewirken. Werfen Sie etwas Stroh in eine Ecke des Taubenschlages. Die Federn verheddern sich darin und Sie können beides zusammen einfach zusammen herausnehmen, und zwar spätestens jeden dritten Tag während der Hauptmauserzeit.

Jede Taube braucht ihren Sitzplatz – eher mehrere davon! Nur dann herrscht Ruhe im Taubenschlag.

Sitzmöglichkeiten

Jede einzelne Taube beansprucht ein Revier für sich und verteidigt es. Wenn zu wenig Sitzplätze vorhanden sind, sucht sie einen Sitzplatz und will andere vertreiben. Hat jede Tauben einen Platz, besteht kein Grund dafür.

Doch Ausnahmen bestätigen die Regel: Manchmal sind sehr dominante Täuber aber selbst dann nicht zufrieden. Sie sind es auch, die ständig in fremde Nester gehen und viel Schaden anrichten. Solche Täuber sollten Sie aus Ihrem Bestand entfernen, aggressives Wesen wird meistens vererbt.

Sitzreiter

Vor allem für glattfüßige und kurz belatschte Taubenrassen ist der sogenannte Sitzreiter ideal. Er ist so preisgünstig, dass sich ein Selbstbau kaum lohnt. Dennoch findet man immer wieder Abwandlungen, die Vorzüge dieser Sitzmöglichkeit in sich vereinen. Sie lassen sich leicht übereinander anbringen, denn die seitlichen Bretter verhindern ein Verkoten der darunter sitzenden Tauben. Seit einiger Zeit sind sie auch aus Kunststoff erhältlich, scheinen sich aber nicht so richtig durchzusetzen, vielleicht weil Kunststoff keine Feuchtigkeit aufnimmt und die Teile immer mehr oder weniger feucht sind.

Sitzregale

Wesentlich weniger Platz brauchen Sitzregale, die immer häufiger verwendet werden. Dabei hat jede Taube ihren eigenen Sitzplatz auf einem Hartholzstück. Nach hinten abgeschrägt fällt ein Brett ab, auf das die Tauben koten.

Je nach Anzahl der Sitze gibt es diese Regale standardmäßig in allen nur erdenklichen Größen. Wählen Sie für belatschte Taubenrassen die Sitzbreite etwas üppiger. Der Sitz sollte aber so schmal sein, dass wirk-

Gut zu wissen

Bei allen Sitzgelegenheiten gilt, dass die ranghöheren Tauben die höchsten Plätze bevorzugen. Es gibt also auch hier, wie bei den Nistzellen, ein oben und unten. Bei genügend Plätzen brauchen Sie sich darum keine Gedanken zu machen.

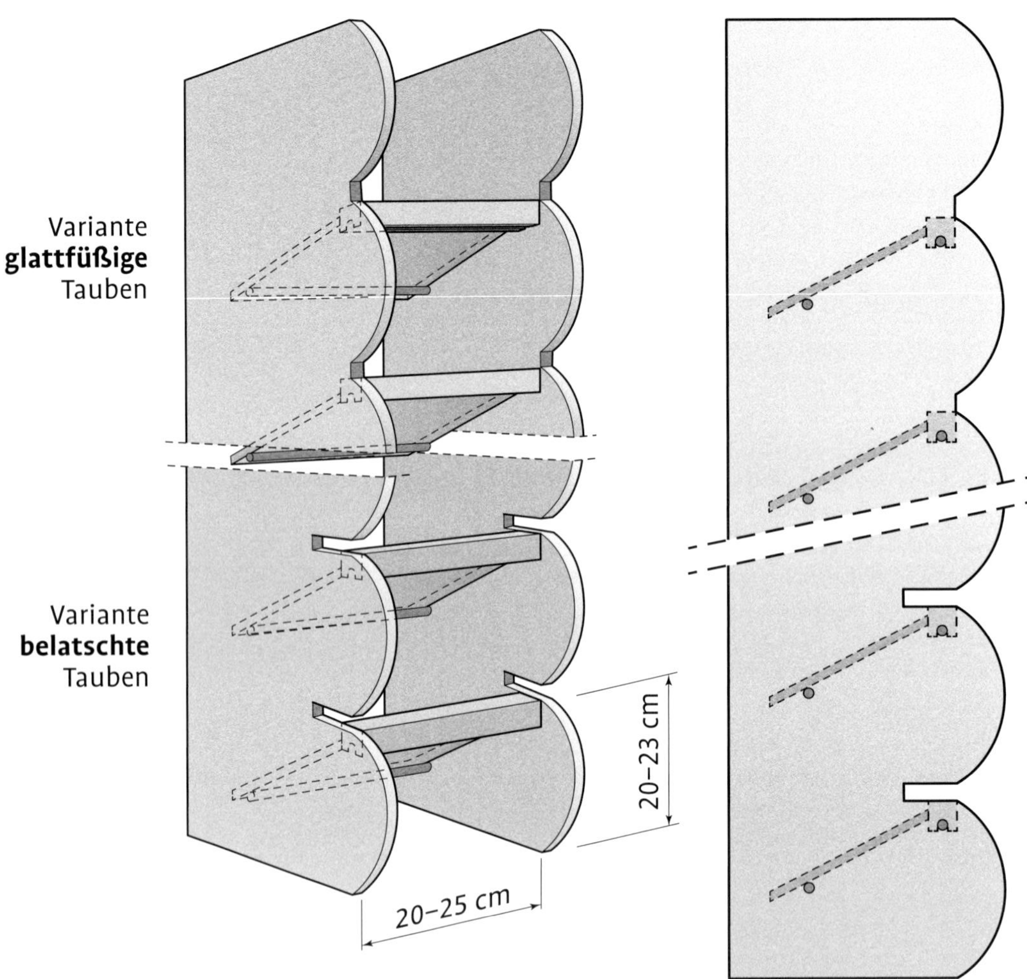

Sitzregal mit Variationsmöglichkeiten.

Seitliche Ansicht als Konstruktionshilfe für den Nachbau.

lich nur eine Taube Platz hat. Sägen Sie an den Seitenwänden eine etwa vier Zentimeter hohe Aussparung aus, kann die Taube dort ihre Latschen hinlegen, sodass sie nicht abgestoßen werden (siehe Grafik Seite 76).

Die Konstruktion eines Sitzregals ist sehr einfach, Sie können es leicht in Ihren gewünschten Maßen nachbauen.

Verwenden Sie keine Pressspanplatten, Massivholz gibt mehr Stabilität, die Sie bei Sonderanpassungen eventuell benötigen. So hat es sich bewährt, direkt unter dem Sitzregal eine Kotschublade einzuplanen. Bei der Reinigung wird der Kot mit einem Spachtel einfach nach hinten geschoben und in der Kotschublade aufgefangen.

Tellersitze

Für Taubenrassen mit langen Latschen sind Tellersitze die beste Lösung. Dabei handelt es sich um schräg von der Wand stehende Halter, auf die eine eckige oder runde Holzplatte geschraubt wird. Da kein Kotfang vorgesehen ist, sollte man die Tellersitze auf Versatz und maximal zweireihig anbringen. Wer sich mit stark belatschten Taubenrassen beschäftigt, der weiß aber, dass er mehr Platz braucht und mehr Aufwand hat.

Sie können auch die normalen Sitzreiter für belatschte Taubenrassen umbauen. Dazu brauchen Sie nur auf den vorderen Bereich des Sitzholzes einen kleinen Holzklotz schrauben, der dann zum eigentlichen Sitz wird. Er muss mindestens fünf Zentimeter hoch sein, damit die Tauben ihn annehmen, sonst sitzen sie weiter auf dem ursprünglichen Sitzholz.

Tellersitze lassen sich wohl noch am ehesten selbst herstellen und deshalb sind unzählige, individuelle Varianten möglich.

Futtertröge

Es gibt eine riesige Auswahl an Futtertrögen für Tauben. Sie alle sind so gebaut, dass dabei jede Taube einen Fressplatz hat und die Verschmutzung des Futters verhindert wird. Tauben sind leider „wahre Künstler" darin, das Futter peinlich auszusortieren, weniger beliebtes einfach hinauszuwerfen und selbst den Trog nicht vor ihrem eigenen Kot zu verschonen.

Normalerweise werden die einzelnen Fressstationen für eine Taube mit Drahtbügeln oder Holzstäben abgetrennt. Die Tauben können dann weniger Futter aus dem Trog werfen. Dabei hat es sich auch bewährt, den Futtertrog mit Hilfe von Holzstäben oder Schrauben auf mindestens fünf Zentimeter hohe Füße zu stellen. So wird die direkte Staubelastung im Futtertrog reduziert und belatschte Taubenrassen stoßen sich ihre Fußbefiederung nicht am Trog ab. Ganz nebenbei wird aber wohl auch das wählerische Verhalten beim Fressen reduziert.

Bei knapper Fütterung, und das ist eigentlich die Regel, wird das herausgeworfene Futter unter dem Trog „gesammelt" und dann von den Tauben schließlich aufgenommen. Wer aufmerksam beobachtet, sieht schnell, wie geschickt sich Tauben anstellen können, um selbst an diese Körner zu kommen.

Die gängigste Form eines Futtertroges hat einen mit Scharnieren befestigten Holzdeckel, der sich leicht öffnen lässt.

Kunststoffdachrinnen vom Baumarkt haben sich als Bauteil für selbstgemachte Futtertröge sehr gut bewährt.

Trogvarianten

Lange Jahre waren einfache Holztröge am beliebtesten. Sie haben einen umklappbaren Drahtbügel und eine vollkommen flache Futterwanne. Heute gibt es sie aus Kunststoff, sie sind leichter zu reinigen. Dies ist ein immenser Vorteil, wenn Sie Ihren Tauben hin und wieder mit Öl angefeuchtetes Futter geben.

Auch Metalltröge aus der Hühnerhaltung eignen sich gut für Tauben. Vor allem für Rassen mit leicht gebogener Schnabellinie ist die etwas ausgerundete Futterrinne ideal. Dann können die Tauben das Futter „schaufeln" und brauchen es nicht exakt mit der Schnabelspitze zu picken.

Ein großer Nachteil dieser Futtertröge – die Verschmutzung ist kaum zu verhindern. Deshalb hat es sich in der Praxis bewährt, den Trog nach der Fütterung aus dem Schlag zu entfernen. Die Tauben stellen sich darauf ein und nehmen innerhalb kürzester Zeit die benötigte Futtermenge auf. Wichtiger als sonst ist aber dann, dass wirklich alle Tauben gleichzeitig einen Fressplatz haben. Sonst bekommt möglicherweise eine einzelne Taube nur das übrig gebliebene oder im schlimmsten Fall zu wenig Futter ab.

Die Weiterentwicklung sind Tröge mit einer beweglichen Rolle oberhalb der Futterrinne. Will sich eine Taube darauf setzen, bewegt sich die Rolle und die Taube verlässt ihren Sitzplatz wieder. So weit die Theorie. In der Praxis gibt es immer wieder Balancekünstler unter den Tauben, die es geradezu lieben, auf der Rolle zu sitzen. Auch setzt sich Staub im Gelenk der Rolle fest, sodass sie sich irgendwann kaum noch dreht.

Selber bauen

Alle möglichen Trogvarianten sind leicht selbst zu bauen, meist aus Holz. Je größer dabei der Anteil an Massivholz oder Siebdruckplatten ist, desto haltbarer sind sie.

Von der einfachsten Form, bei denen die Futterrinne, ob aus Kunststoff, Metall oder Holz, einfach auf querliegenden Dachlattenstücken befestigt oder der Trog mit eigenen Beinen versehen wird, bis zu komplizierteren Varianten ist vieles möglich. Bei Trögen mit Deckel wird das Futter am wenigsten verschmutzt. Den Deckel nehmen die Tauben natürlich gerne als Sitzplatz und die Täuber als Paradebrett, doch der dabei entstehende Schmutz lässt sich mit einem Spachtel leicht entfernen.

Futterautomaten

Darin lässt sich das Futter für mehrere Tage bevorraten. Im Fachhandel gibt es sie aus Kunststoff, mit oder ohne Zeitschaltuhr. Dabei wird eine bestimmte Futtermenge nach einem festen Rhythmus abgegeben. Futterautomaten funktionieren problemlos und können eine gute Alternative zur normalen Trogfütterung sein. Achten Sie in jedem Fall darauf, dass die Futtermenge in der Rinne nicht zu reichlich ist, sonst verderben die weniger begehrten Körnerarten.

Grit und Taubenstein sind lebenswichtige Ergänzungsfuttermittel für die Tauben. Es gibt sie in vielerlei Darreichungsformen.

Grit und Taubensteine

Diese mineralischen Futterergänzungsmittel sind hygroskopisch, ziehen also Feuchtigkeit an. Vor allem bei hoher Luftfeuchtigkeit etwa nach langem Regen kann dies zum Problem werden. Bieten Sie nur so viel an, dass bis zur nächsten Gabe kaum Reste bleiben und wählen Sie kleine Gritgefäße, die zudem nicht so leicht verkotet werden.

Es gibt halbrunde Gritgefäße aus Kunststoff, die an der Schlagwand angebracht werden. Sie sind leicht zu reinigen und damit ist das Problem der Feuchtigkeit in den Griff zu bekommen, Wenn Sie täglich nur die Menge Grit frisch anbieten, die die Tauben sofort fressen, können Sie auch glasierte Tongefäße oder Taubenstein in Tontöpfen verwenden. Einmal leer, lassen sich diese dann wiederverwenden.

Taubentränken sind meist aus Kunststoff, leicht zu reinigen und haltbar. Dennoch wird der Kunststoff mit der Zeit sehr rau, dann sollten Sie die Tränke austauschen.

Tränken

Tauben lieben frisches und kühles Wasser. Je wärmer es ist, desto weniger trinken sie. Darauf sollten Sie ganz besonders achten, denn

Gut zu wissen

Früher waren die Tränken oft aus Kupfer und sehr haltbar. Die Züchter waren der Ansicht, Kupfer diene der Gesundheit der Tauben, weil das Wasser in der Tränke keine Schleimschicht bildet. Doch Kunststoff verdrängte die Kupfertränken. Sollten Sie sie noch gebraucht bekommen, dann sind sie sehr zu empfehlen.

Tauben kommen zwar mehrere Tage ohne Futter, aber nur kurze Zeit ohne Wasser aus.

Beim Trinken tauchen Tauben, wenn sie können, ihren Schnabel vollständig ein und trinken durch Saugbewegungen. Daher sind die angebotenen Tränken so konstruiert, dass der Wasserstand immer entsprechend hoch ist. Das Reservoir lässt nur die Menge nachlaufen, die weggetrunken wurde.

Taubentränken sind meist aus Kunststoff, leicht zu reinigen und haltbar. Dennoch wird der Kunststoff mit der Zeit sehr rau, dann sollten Sie die Tränke austauschen. Vor allem wenn Sie den Tauben über das Trinkwasser Medikamente geben müssen, sollte die Oberfläche glatt sein. Glastränken sind darin unschlagbar. Beim täglichen Gebrauch sollten Sie aber an die erhöhte Bruchgefahr denken. Halten Sie also immer eine in Reserve.

Zwei Tränken für jeden Taubenschlag sind deshalb ideal. Reinigen Sie die Tränken regelmäßig und hängen Sie sie zum Austrocknen außerhalb des Taubenschlages auf, damit sie nicht einstauben.

Automatische Tränksysteme

In der wirtschaftlichen Geflügelhaltung sind sie längst üblich und werden auch von Taubenhaltern immer mehr benutzt. Sie brauchen dazu einen Wasseranschluss, dann steht den Tauben ständig frisches Wasser zur Verfügung. Verwenden Sie dabei besser die kleinen Cup-Tränken und nicht die sogenannten Nippeltränken. Obwohl Tauben damit genügend Wasser aufnehmen, kommen die Cups ihrer Art des Saugtrinkens und Schluckens mehr entgegen.

Mit einem Futtertisch kann der Halter in einer ihm sehr angenehmen Höhe füttern und durch den Abstand vom Boden ist die Staubbelastung des Futters wesentlich geringer.

Tränkenhocker

Futtertröge und vor allem Tränken sollten vor dem im Schlag allgegenwärtigen Staub geschützt werden. Stellen Sie möglichst die Tränke erhöht auf, und zwar so, dass die Tauben mit dem Kopf ganz in die Tränke hineinkommen. Der Fachhandel bietet dazu Tränkenhocker an, deren Unterbau als Gritgefäß genutzt werden kann.

Sie können Tränkenhocker auch leicht selbst bauen. Die Standfläche der Tränke sollte mindestens aus wasserfest verleimter Pressspanplatte, besser gewachsenem Holz oder auch eine Siebdruckplatte bestehen. Bemessen Sie die Anflugfläche nicht zu groß, wenn Sie die Tränke zum Beispiel über einem Gritgefäß platzieren möchten, sonst besteht die Gefahr der Territorialbildung.

Futtertisch

Normalerweise wird der Futtertrog auf den Boden gestellt. Bei beweglichen Rassen kann ein Futtertisch für Trog und eventuell auch Tränke sehr praktisch sein. Seitlich wird der Trog von Leisten an den Seiten des Tisches verhindern, dass der Trog verrutscht und steht er um rund drei Zentimeter erhöht über dem Tischniveau, können auch belatschte Taubenrassen fressen, ohne sich die Federn anzustoßen.

Der Platz vor dem Trog sollte jedoch nicht zu groß sein, sonst würden sehr dominante Täuber ihn als ihr Revier beanspruchen und andere hungrige Tauben vertreiben. Auch den Bereich unter dem Tisch nehmen die Tauben meist gerne in Anspruch, entweder als Sitz- oder sogar als Nistplatz, ebenso wie das Nistmaterial, das sich hier bevorzugt ansammelt.

Ein Wirtschaftsraum bietet viele Möglichkeiten etwa für Lagerung und all die Dinge, die rund um die Taubenhaltung zu tun sind.

Wirtschaftsraum

Nur bei sehr kleinen Taubenschlägen wird man auf einen vorgelagerten Wirtschaftsraum verzichten. Aber selbst dann rate ich dazu, wenigstens einen kleinen Bereich für „Dies und Das“ einzuplanen: Platz für einen kleinen Käfig, um zum Beispiel eine kranke Taube aus dem Bestand nehmen zu können. Hier kann die „Babybox“ stehen, das Futter, die Wechseltränke, außerhalb der Zuchtzeit nicht benötigte Nistschalen oder eine selbstgebaute Futtervorratsbox.

Ein Wirtschaftsraum muss vom Taubenschlag mit einer möglichst dichten Zwischentür getrennt sein. Federstaub bleibt dann weitgehend im Schlag. Nichtsdestotrotz wird sich erstaunlich viel Staub ablagern. Damit der Boden feucht gewischt werden kann, wäre ein Fliesen- oder PVC-Belag ideal. Schließen Sie die Außentür, dient der Wirtschaftsraum als Sicherheitsschleuse. Bei sehr flüchtigen Rassen könnte sonst beim Betreten des Schlages eine erschreckte Taube gleich in die Freiheit hinausfliegen.

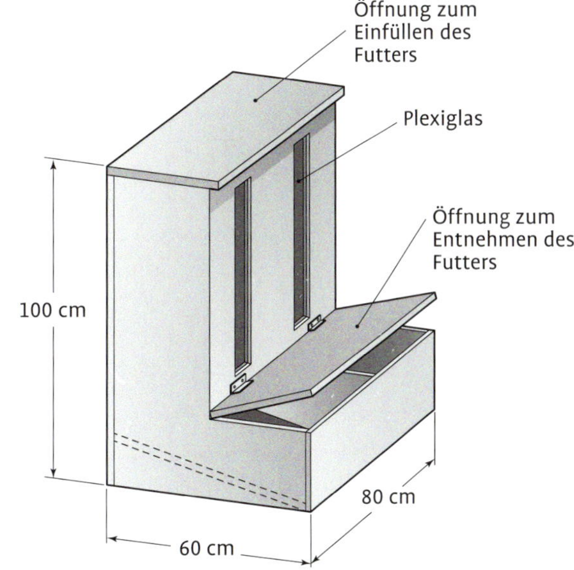

Nachbauschema für die auf dem Foto abgebildete Futtervorratsbox aus Siebdruckplatte.

Holzvolieren halten mit einem fachgerecht ausgeführten Schutzanstrich weit länger, manchmal ein Menschenleben lang. Verbauen Sie gleich kesseldruckimprägniertes Holz, haben Sie einen zusätzlichen Schutz.

Volieren

Unter Volieren versteht man mehr oder wenig große Flugkäfige, die direkt an den Taubenschlag angebaut sind. Wählen Sie die Größe entsprechend der Flugfreudigkeit Ihrer Taubenrasse. Dabei ist es aber völlig unrealistisch zu erwarten, dass die Tauben darin tatsächlich große Flüge unternehmen, selbst wenn die Voliere riesig ist. Es wird Sie überraschen, wie stark die Bindung der Tauben an ihren Schlag ist. Sie werden sogar feststellen, dass es ganz individuelle Unterschiede gibt und einzelne Tauben kaum jemals, andere oft in die Voliere gehen.

Schlagumfeld

Mit Volieren vergrößern Sie den eigentlichen Taubenschlag, wenngleich sie nicht direkt zum Gebäude zählen. Hierbei den Spagat zwischen Funktionalität und Ästhetik zu schaffen, ist nicht immer einfach. Die Zeiten, in denen Volieren aber einfach nur als Drahtkäfige wahrgenommen wurden, sollten vorbei sein. Vorgelagerte Beete oder bepflanzte Blumenkästen helfen bereits dabei, die Gitter der Voliere etwas zu kaschieren.

Der Weg zu Voliere und Taubenschlag sollte immer sauberen Fußes möglich sein, denn diesen Weg gehen Sie jeden Tag, bei jedem Wetter. Belegen Sie ihn mit gewöhnlichen Betonplatten oder glatten Betonsteine, denn solche können Sie im Winter leicht von Schnee räumen. Hier geht Funktionalität eindeutig vor Schönheit.

Baumaterialien

Volieren werden in aller Regel aus Holz oder Metall gebaut. Holz hat den Vorteil, dass es sich von weniger Geübten gut verarbeiten lässt. Idealerweise verwendet man Konstruktionsvollholz (KVH). Dieses ist ge-

Verwenden Sie als Volierensockel Stellplatten in einer Stärke von sechs Zentimetern, können Sie in gleicher Weise wie beim hölzernen Wandaufbau des Taubenschlags den Aufbau daraufsetzen.

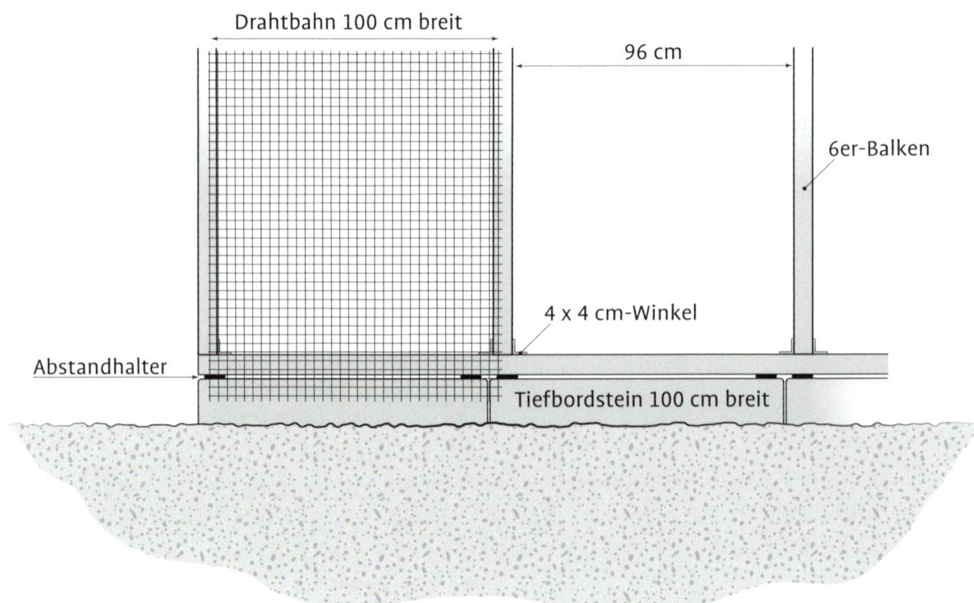

Das Holz sollte nicht direkt auf der Stellplatte aufliegen. Sonst kann es zu Staunässe und zum Faulen des Holzes kommen. Direkt untergelegte Kunststoffstücke oder auch solche aus Siebdruckplatten verhindern dies.

hobelt, gefast und in verschiedenen Querschnitten erhältlich. In gemäßigten Breitengraden, in denen die Winter nicht allzu schneereich sind, hat sich das Format 58 × 58 Millimeter als ausreichend bewährt.

Holzaufbau

Die unteren Holzbalken sollten nach Möglichkeit durchgehend sein. Da Konstruktionsvollholz in der Regel mehr als fünf Meter lang ist, sollte das möglich sein. Darauf werden mit Hilfe von Metallwinkeln die senkrechten Stützen, ebenfalls aus Konstruktionsvollholz, angebracht. Der Abstand zwischen den senkrechten Stützen sollte möglichst genau 96 Zentimeter betragen. Das Drahtgeflecht ist normalerweise 100 Zentimeter breit, sodass jeweils zwei Zentimeter zum Befestigen vorhanden sind. Den Abschluss bildet oben wiederum ein Balkenkranz, der dann für die nötige Stabilität sorgt.

Bei dieser Voliere wurden Estrichmatten als Gitter eingesetzt.

Metallaufbau

Mit Rohren oder Profilen aus Metall erfolgt der Aufbau nach dem gleichen Prinzip. Die Verbindung der Metallteile erfolgt entweder durch Schweißen oder durch das Einschneiden von Gewinden. Das fertige Gesamtgerüst sollte unbedingt mit Rostschutz behandelt werden. Bei bereits verzinktem Material sind die Verbindungsstellen noch zusätzlich zu schützen.

Sehr einfach lassen sich Volieren aus Aluminiumprofilen bauen. Verbunden werden die Einzelteile durch Kunststoffstecker nach dem Steckkastenprinzip. Selbst fertige Elemente sind erhältlich. Arbeiten Sie nach festen Maßen, können Sie darauf zurückgreifen, Sondermaße kosten etwas mehr, sind aber immer noch vergleichsweise günstig.

Volierentür

Beachten Sie beim Einbau, dass die Tür sich nach innen öffnet. Dann weichen die Tauben zurück, wenn Sie die Voliere betreten. Die Tür sollte so breit sein, dass man bei Bedarf mit einer Schubkarre hineinfahren kann, etwa um die gesamte Einstreu auszutauschen.

Drahtgeflechte

Gut zu wissen

Bei manchen Sonderangeboten zu Drahtgeflechten sollten Sie auf der Hut sein: Bei ihnen ist die Drahtstärke wesentlich reduziert. Gute Qualität kostet einfach ihren Preis.

Zur Bespannung des Volierenrahmens können Sie alle Drahtgeflechte verwenden, Sechseckgeflecht (Kaninchendraht), Estrichmatten oder quadratisches Viereckgitter. In erster Linie soll das Wegfliegen der Tauben verhindert werden. Sollen sie zusätzlich vor Räubern schützen, wählen Sie die Maschenweite entsprechend klein: von 10,6 × 10,6 Millimetern gilt in der Regel sogar als mäusesicher. Zudem müssen Sie den Taubenschlag in der Nacht nicht verschließen, den auch kein Raubzeug kann so in die Voliere.

Neues Drahtgeflecht strahlt zu Beginn noch sehr intensiv metallisch, wenn es einige Zeit der Verwitterung ausgesetzt war, wird es matt und passt sich der Umgebung besser an. Dann können Sie auch überlegen, ob Sie es streichen. Bei Verwendung einer schwarzen Metallfarbe, die mit einer Schaumstoffrolle aufgetragen wird, hat man freie Sicht ins Voliereninnere. Unser Auge reagiert auf die dunkle Farbe so, dass wir sie nicht wahrnehmen. Man meint, es sei überhaupt kein Drahtgeflecht vorhanden. Auch kunststoffummanteltes Geflecht hat diesen Effekt. Trotz höherem Preis: Das Seherlebnis in die Voliere ist besser.

Gut zu wissen

Es kann vorkommen, dass ein Greifvogel bei einer Attacke in das Netz der Voliere fliegt und es sogar durchstößt. Kontrollieren Sie die Bespannung sicherheitshalber also regelmäßig.

Netzbespannung

Eine sinnvolle Alternative bei sehr großen Volieren kann ein Volierennetz sein. Solche Netze sind in verschiedenen Maschenweiten und Netzgrößen erhältlich und selbst größere Sonderanfertigungen liegen durchaus noch in einem finanziell vertretbaren Rahmen. Aber aufgepasst: Sie haben natürlich nur eine begrenzte Lebensdauer und müssen im Winter des Öfteren von der Schneelast befreit werden, da sie sonst zu stark durchhängen. Da können auch zusätzlich angebrachte Stützen nur bedingt helfen.

Sitzgelegenheiten

Fast immer werden in Volieren Laufbretter als Sitzgelegenheiten angebracht. Achten Sie darauf, dass sie in gleicher Höhe angebracht sind. Unterschiedliches Höhenniveau führt zu ständiger Unruhe. Die ranghöheren Tauben streben nach oben und unterdrücken die unten sitzenden. Die Laufbretter sind etwa zehn Zentimeter breit und so lang wie möglich. Den Tauben ist es gleichgültig, wie hoch sie angebracht sind, aber für den Betrachter sieht das anders aus: Er hat die Tauben am liebsten in Augenhöhe.

Runde oder unregelmäßige, naturnahe Sitzmöglichkeiten in Form von stärkeren Ästen werden noch nicht so lange in den Volieren verwendet. Vor allem glattfüßige Tauben nehmen sie gerne an. Sie können beobachten, wie geschickt die Tauben dabei sind, ihren Platz zu finden.

Volierenböden

Wer Tauben im Freiflug hält, braucht sich um den Volierenboden keine Gedanken zu machen. Der Kot verteilt sich so, dass der Infektionsdruck im Grunde zu vernachlässigen ist. Bei einer Volierenhaltung ist das natürlich anders. Hier können die Tauben nicht ausweichen. Am besten entscheiden Sie sich bei der Bodengestaltung für eine Mischung aus Funktionalität und Ästhetik. Grundsätzlich ist dabei alles erlaubt, was gefällt. Je höher der Taubenbestand, desto mehr sollten Sie Wert darauf legen, dass sich der Boden leicht reinigen lässt. Sonst wird der Infektionsdruck zu hoch.

Sind nur wenige Tauben in der Voliere, können auch Einzelsitze eine Möglichkeit sein. Man findet sie aber fast ausschließlich bei Züchtern belatschter Taubenrassen.

Gras

Ein mit Gras bewachsener Boden ist die natürlichste Art eines Volierenbodens, aber wohl in den wenigsten Volieren auch die Realität. Und das hat hygienische Gründe. Die Verkotung durch die Tauben führt in der Regel dazu, dass sie fast immer mit Darmschmarotzern infiziert sind. Wer auf eine Grasnarbe in der Voliere nicht verzichten will, ist gut beraten, zumindest unter den Sitzstangen einen anderen Bodenbelag zu wählen.

Sand, Splitt, Kiesel

Lange Zeit galt Flusssand als idealer Volierenboden. Er ist gut zu reinigen und leicht zu beschaffen. Wenn die Voliere aber nicht überdacht ist, bildet sich mit der Zeit eine dichte Schicht, die eine ideale Brutstätte für Wurmeier und Ähnliches darstellt. Ein regelmäßiger Austausch im Zwei-Jahres-Rhythmus ist deshalb unverzichtbar. Den entfernten Sand nehmen Kleingärtner gern zur Verbesserung der Bodenstruktur in ihren Beeten. Auch ein Belag aus Splitt oder feinem Kiesel muss alle zwei Jahre ausgewechselt werden, kann aber nicht so gut weiter verwendet werden.

Damit das anfallende Regenwasser schneller versickern kann, graben Sie zum Aufbau des Bodens den Mutterboden etwa 20 Zentimeter

Wenn Gras in der Voliere als Boden dienen soll, dann darf der Taubenbestand nur so groß sein, dass der Kot innerhalb kürzester Zeit „verschwindet“, durch das Wetter oder die Nachhilfe mit dem Gartenschlauch.

Gut zu wissen

Kehren Sie den Sand regelmäßig mit einem dichten Laubbesen ab. Dabei werden Kotpartikel entfernt, aber auch immer etwas Sand mitgenommen. Das können Sie reduzieren, indem Sie ihn aussieben.

Gut zu wissen

Die Struktur der Holzschnitzel verleitet die Tauben dazu, sich mit dem Bodenbelag beschäftigen. Sie nutzen einzelne Holzstückchen sogar zum Nestbau.

tief aus und füllen ihn mit einer Kiesschicht auf. Erst darauf kommt die Sand- oder Splittschicht.

Holzhackschnitzel

Holzschnitzel, wie sie in Hackschnitzelheizungen verbraucht werden, sind leicht, günstig und gut geeignet für den Volierenboden. Für den Hackschnitzelbelag sollte meiner Meinung nach die Voliere nicht überdacht sein, denn nur dann können Kot und Federn weggespült werden. Die Hackschnitzel trocknen nach einem Regen relativ schnell wieder ab.

Tragen Sie die Hackschnitzel in einer etwa 20 bis 30 Zentimeter dicken Schicht auf das Erdreich auf. Wenn Sie möchten, können Sie darunter ein Vlies legen, um eine exakte Trennung zu erreichen. Ein Austausch der kompletten Schicht ist nur zirka alle vier Jahre nötig. Bei überdachter Voliere hingegen müssen die verschmutzten Anteile regelmäßig entfernt werden.

Roste

Selbstverständlich können Sie auch Roste als Volierenboden verwenden. Auch damit sind die Tauben vom Kot getrennt. Dies ist mit Sicherheit die hygienischste Form der Bodengestaltung. Hierzu sei auf die Ausführungen zum Schlagboden (siehe S. 44) verwiesen.

Greifen Sie bei nicht überdachten Volieren auf Kunststoff- oder Metallroste als Bodenbelag zurück, denn solche halten der Witterung besser stand.

Beton

Ein glatter Betonboden, egal ob in einem Stück betoniert oder als Platten, kann sehr leicht gereinigt werden. Ideal ist es, wenn der Boden leichtes Gefälle hat und eine sogenannte Ablaufrinne an die Kanalisation angeschlossen ist. Dann lässt er sich von Zeit zu Zeit gut mit einem Schlauch oder Hochdruckreiniger abspritzen.

Viel von seiner auf den ersten Blick tristen Erscheinung verliert der Boden, wenn Sie ihn mit einer leichten Sandschicht versehen. Damit haben kleinere Volieren, in denen der Kotanfall größer ist, einen gut nutzbaren, hygienischen Bodenbelag.

Volierenüberdachung

Soll die Voliere überdacht werden? Die einen Taubenhalter sagen „ja, unbedingt", die anderen möchten, dass sich die Tauben in den Regen legen können. Ich denke, dass beide recht haben, und beide Varianten ihre Vor- und Nachteile haben.

Je trockener Tauben gehalten werden können, desto wohler fühlen sie sich. Das spricht für die Überdachung. Dann ist aber eine ausreichende Bademöglichkeit unverzichtbar. Bei oben offenen Volieren sind die Tauben allen Witterungseinflüssen ausgesetzt und dies stärkt ihr Immunsystem. Eine Teilüberdachung berücksichtigt beides. Hat sie Anschluss an den Schlag, ist auch dieser Bereich immer trocken.

Überdacht werden Volieren meist mit durchsichtigem Material. Hier gibt es sehr günstige Rollenware, aber auch relativ teure Platten. Die Haltbarkeit ist ebenfalls unterschiedlich. Je nach Steifheit des Materials ist ein Unterbau erforderlich. Selbstverständlich lassen sich Volieren auch mit allen anderen Dacheindeckungen versehen. Sind sie lichtundurchlässig, haben die Volieren eher den Charakter eines vergrößerten Taubenschlages oder gar Offenfrontschlages.

Die grüne Schattierung dieser überdachten Voliere ist auf separaten Holzrahmen montiert. Sie kann als Sonnen- oder Windschutz dienen und auch abgenommen werden.

Bei jeder Überdachung ist zu berücksichtigen, dass zusätzliches Regenwasser anfällt, das gesammelt werden muss. Denken Sie deshalb an eine Regenrinne, am besten in Verbindung mit der Abwasserleitung des Taubenschlages.

Gut zu wissen

Ein wichtiger Aspekt, der viel zu wenig beachtet wird, ist die UV-Durchlässigkeit des Dachmaterials. Die Wellenlängen des Spektrum helfen den Tauben, gesund zu bleiben und erhöhen ihr Wohlbefinden.

Beschattung

Tauben sind absolut sonnenhungrig, dennoch kann eine Beschattung sinnvoll sein. Vor allem lichtempfindliche Farbenschläge brauchen sie, um bei Ausstellungen erfolgreich zu sein. Sonst führt die Verbindung von Regen und direkter Sonne dazu, dass die Farbe sehr stark ausbleicht.

Auch Pflanzenbewuchs an der Voliere etwa mit Wildem Wein, Efeu und vor die Voliere gepflanzten Bäumen sorgt für attraktive Schattierung. Windschutznetze erfüllen den gleichen Zweck, sind aber nicht unbedingt schön anzusehen. Sie sollten so installiert sein, dass sie leicht wieder abgenommen werden können. Dazu können sie auf Holzrahmen gespannt und so an der Voliere befestigt werden, dass sie bei windigen Schlechtwetterlagen etwas zusätzlichen Schutz geben.

Groß und Klein zusammen

Viele Taubenhalter und -züchter haben Freude an der Haltung verschiedener Taubenrassen, die sich äußerlich oft sehr wenig ähneln. Gerade diese Unterschiede machen den Reiz aus. So gibt es Taubenriesen mit mehr als einem Kilogramm Körpergewicht und superleichte mit kaum 300 Gramm. Doch trotz teilweise extremer Unterschiede im Erscheinungsbild ist eine gemeinsame Haltung solcher Tauben möglich, denn in ihren Grundbedürfnissen unterscheiden sie sich kaum und die Körpergröße spielt dabei kaum eine Rolle.

Anders beim Temperament. Oft sind gerade die „Kleinen" Chef im Ring. Sie sind lebhafter und wendiger und halten so leicht auch deutlich größere und schwerere Mitbewohner in Schach. Bei all den unterschiedlichen Taubenrassen ist von absolut friedlichem bis zu sehr streitsüchtigem Wesen alles zu finden. Auch innerhalb einer Rasse gibt es noch individuelle Unterschiede – wie überall in der Natur.

Riese und Zwerg: Der lebhafte Wiener Tümmler und der ruhige, menschenbezogene Schlesische Kröpfer können gut zusammen gehalten werden.

Modena und Wiener Tümmler, größer könnte der Unterschied in der Statur kaum sein. Trotzdem ergänzen sich die Gegensätze und die beiden Rassen können gut harmonieren.

Auf das Wesen kommt es an

Eine gemeinsame Haltung von zierlichen und eher schwerfälligen Rassen kann gut funktionieren, wenn die Tauben ein unterschiedliches Flugverhalten besitzen und sich dadurch aus dem Weg gehen können. Die fluggewandteren Tauben werden immer die obersten Nistzellen beanspruchen, die trägeren unten wohnen. Die Tauben machen das in einer Art Gentleman-Agreement unter sich aus, sofern nicht eine der beiden „Gewichtsklassen" zu dominant ist. Dann kann, selbst bei üppigen Platzverhältnissen, der Bruterfolg bei den friedfertigen Tauben völlig ausbleiben oder die Jungtiere werden von den kämpferischen regelrecht massakriert.

Bei der Haltung im Freiflug kann allerdings unterschiedliches Flugverhalten zum Problem werden, denn Habicht und Co. erwischen eher die ruhigen Tauben, während die schnittigen im Flug leichter entkommen.

Bei der Taubenhaltung kommt es nicht zu störenden Geräuschentwicklungen wie bei der Hühnerhaltung. Das Gurren von Haustauben, egal welcher Rasse, ist leise und ist mit dem der wildlebenden Türkentauben nicht zu vergleichen.

Was Sie sonst noch wissen sollten

Wenn Sie einen Taubenschlag bauen wollen, müssen Sie sich auf jeden Fall mit den rechtlichen Gegebenheiten, den Grundlagen einer tierschutzkonformen Taubenhaltung und nicht zuletzt mit dem Nachbarschaftsrecht beschäftigen. Die Zeiten, in denen man sorglos loslegen konnte, sind vorbei. Dabei bringt es nichts, sich über Sinn und Unsinn dieser oder jener Vorschrift aufzuregen, denn sie bilden die Basis für unser gemeinschaftliches Zusammenleben.

Baurechtliche Voraussetzungen

Bei jeder Tierhaltung gilt der Grundsatz, dass die Wohn- und Lebensqualität der Nachbarn nicht stark beeinträchtigt werden darf. Diese Formulierung ist aber sehr weit gefasst und kann entsprechend unterschiedlich ausgelegt werden. Eine grundsätzliche Rechtsprechung zur Taubenhaltung gibt es nicht. Wenn überhaupt, liegen meistens nur Urteile zur Brieftaubenhaltung vor, bei der die Freiflughaltung eine Grundvoraussetzung ist und die Beeinträchtigung der Nachbarschaft unter Umständen ganz anders als im Vergleich zur reinen Volierenhaltung ausfallen kann.

Durch diese fehlende Einheitlichkeit in der Rechtsprechung können Entscheidungen von Bundesland zu Bundesland oder Region zu Region ganz unterschiedlich ausfallen. Wichtig ist es deshalb zu wissen, welcher Kategorie das Grundstück zugerechnet wird. Während es in reinen Wohngebieten zu Schwierigkeiten kommen kann, eignen sich allgemeine Wohn- oder Mischgebiete besser für die Erlaubnis zur Taubenhaltung. Der gültige Bebauungsplan gibt Auskunft über die Kategorie, der das Grundstück zuzuordnen ist. Persönliche Empfindungen spielen bei all dem keine Rolle.

Was ist erlaubt?

Informieren Sie sich also bei der zuständigen Baubehörde über die erforderlichen Rahmenbedingungen, bevor Sie in die Planungsphase gehen. Sie erhalten dort Informationen darüber, in welcher Größenordnung und an welchem Platz Sie bauen dürfen. Erkundigen Sie sich in diesem Zusammenhang auch gleich über erforderliche Grenzabstände und die Gebäudehöhe. Sind Absprachen mit Nachbarn erforderlich, sollten Sie auf jeden Fall auf einer schriftlichen Einverständniserklärung bestehen. Wie so oft, haben auch hier mündliche Zusagen und Absprachen keinen Bestand.

Bei einer schlüssigen Konzeption wird die Baubehörde selten etwas gegen eine Taubenhaltung einwenden. Meistens liegt die geplante Größe sowieso unter dem für eine Baugenehmigung erforderlichen Maß. Unter Umständen muss man den Bau zwar anzeigen, aber nicht genehmigen lassen.

Je nach Bundesland sind die genehmigungsfreien Bauten unterschiedlich in der Größe, meist aber in einem Rahmen von 20 bis 40 Kubikmetern, und das reicht für eine Taubenhaltung. Die angebaute Voliere gilt nicht als Gebäude. Nur wenn diese überdacht wird, ist sie laut Baurecht als Gebäude zu werten. Darüber muss man sich also bereits im Vorfeld klar werden.

Gut zu wissen

Als Faustregel gilt: Vier Pfosten und ein Dach sind ein Gebäude.

Baugenehmigung

Sind Ihre persönlichen Planungen und Wünsche so umfangreich, dass Sie mit einem baugenehmigungsfreien Verfahren nicht weiter kommen, ist der Aufwand größer. Sie müssen dann ein richtiges Baugenehmigungsverfahren in die Wege leiten. Neben offiziellen Bauanträgen gehören dazu auch Pläne. Diese sind nach festgelegten Regeln zu erstellen, meistens eine Draufsicht und die entsprechenden Schnittdarstellungen. Jede Farbe hat dabei ihre Bedeutung. Der Plan muss nicht zwingend von einem Architekten erstellt werden und auch entsprechende Statiknachweise sind nicht unbedingt vorzulegen. Hierzu empfehlen sich klärende Gespräche direkt mit der Baubehörde.

Schädlingsbekämpfung

Wo Tiere sind, sind Schädlinge und Ungeziefer nicht weit. Das ist eine weit verbreitete Meinung. Diese Ansicht geht meist mit der Vorstellung einher, dass die Tierhaltung in alten brüchigen Gebäuden stattfindet und überall Futterreste und Unterschlupfmöglichkeiten für Ungeziefer vorhanden sind.

Wäre das der Fall, könnte man es verstehen, wenn sich alle gegen die Taubenhaltung wehren. Da man aber gerade das Gegenteil erreichen und Verständnis für die Taubenhaltung erhalten will, sollte man alles dafür tun, dass es nicht so weit kommt.

Bauliche Möglichkeiten zum Schutz vor Schädlingen

Für den Innenbereich gilt: Je weniger Ritzen und Spalten, desto weniger hat das Ungeziefer Unterschlupf- und Brutstätten.

Mit handelsüblichen Tropfmitteln und Sprays können Sie Schädlinge ebenfalls bekämpfen. In regelmäßigen Abständen aufgetragen, vor allem in den Nistzellen und an den Sitzgelegenheiten, verhindern Sie Schädlingsbefall.

Zu den regelmäßigen Arbeiten gehört auch die Entfernung des Staubs und eventueller Spinnennetze. So manche Erreger halten sich nämlich gerade dort. Mit einem Handfeger ist das schnell erledigt.

Wer seinen Taubenschlag jährlich einmal mit Kalkmilch ausstreicht, hat schon sehr viel zur Vorbeugung getan. Entsprechende Schutzkleidung, besonders auch eine Schutzbrille, sind bei dieser Tätigkeit unbedingt zu tragen.

Zu empfehlen ist außerdem eine jährliche Desinfektion des gesamten Schlages und seiner Einbauten. Im Fachhandel gibt es entsprechende Mittel, die meistens in einer mit Wasser zu erstellenden Gebrauchslösung angewendet werden.

Gut zu wissen

Viele Desinfektionsmittel wirken erst bei Umgebungstemperaturen von 15 °Celsius. Die spezifischen Anwendungsbedingungen müssen genau eingehalten werden. „Viel hilft viel“ darf nicht die Devise sein.

Mäuse und Ratten

Auch wenn sich diese Schadnager in einem gepflegten Umfeld nicht halten, ist es nicht auszuschließen, dass sie zeitweise zuwandern. Befinden sich in der Nachbarschaft mehrere nicht fachgerecht befüllte Komposthaufen, ist immer mit dieser Gefahr zu rechnen. Die Folge ist aber, dass man die Ursache für Mäuse und Ratten in der Taubenhaltung sucht.

Lagern Sie Futtervorräte in gut verschließbaren Behältern, haben Sie weniger Probleme mit Mäusen und Ratten.

Wichtig

Die Aufbewahrung der Ungezieferbekämpfungsmittel, ob Tropfmittel, Spray oder auch Giftköder, muss unbedingt absolut kindersicher sein. Ein separater Schrank ist dazu besonders zu empfehlen. Es versteht sich dabei von selbst, dass dort keine anderen Dinge, von Futter ganz zu schweigen, aufbewahrt werden sollten. Entsprechende Schutzkleidung ist nach Herstellerangabe zu verwenden.

Mit vorschriftsmäßigen Köderboxen, die ständig gefüllt sind, können Sie den Befall verhindern. Natürlich müssen diese Köderstellen immer wieder kontrolliert und eventuell nachbestückt werden. Es kann sinnvoll sein, das entsprechende Gift immer wieder zu wechseln, sodass unterschiedliche Wirkstoffe zum Tragen kommen. Wer die Chance hat, zudem unterschiedliche Darreichungsformen anbieten zu können, macht im Grunde alles richtig. Die meisten Gifte wirken erst nach Tagen, um zu verhindern, dass die Tiere das Gift mit den verendeten Tieren in Verbindung bringen. In der Regel handelt es sich um Kontaktgifte, die zur Blutgerinnung und letztlich zum Tod führen.

Greife und Rabenvögel

Bei Tauben im Freiflug kann man im weitesten Sinne auch den Wanderfalken, Habicht und Sperber zu den Schädlingen zählen. Diese Vögel stehen unter Naturschutz und dürfen nicht bejagt werden. Das heißt, dass Sie mit den Folgen leben müssen: Das können pro Jahr sehr viele Tauben sein, die ihren schnellen Attacken zum Opfer fallen. Wer einen solchen Angriff schon einmal selbst erlebt hat, weiß, mit welcher Schnelligkeit und Genauigkeit das geschieht. Die Jäger stoßen dabei in einen Taubenschwarm und „pflücken" sich regelrecht eine Taube heraus.

Die im Handel angebotenen Metallkugeln, die die Greifvögel abhalten sollen, wirken nur sehr begrenzt. Am sinnvollsten ist es immer noch, den Tauben vor allem in den späten Herbst- und Wintermonaten keinen oder nur sehr begrenzten Freiflug zu gewähren. Klären Sie vorher, ob der Taubenschlag in einem Jagdgebiet von Wanderfalken, Habichten und Sperbern liegt.

Früher im Freiflug betriebene Taubenschläge haben sich den Gegebenheiten angepasst und sind mit Volieren versehen. Die Tauben werden dann nur unter Aufsicht ins Freie gelassen. Aber selbst dann gibt es keine hundertprozentige Sicherheit.

Vor Turmfalken, Milan und Mäusebussard braucht ein Taubenzüchter keine Angst zu haben, denn Tauben gehören nicht zu ihrem Beuteschema. Anders bei Rabenkrähen und Elstern, sie nutzen jede Chance, in den Taubenschlag zu gelangen und die Nester auszuräumen. Selbst Alttauben, die nicht schnell genug nach draußen kommen, werden attackiert, getötet und gefressen. Dabei nagen die Rabenvögel die Tauben bis auf die vordersten Flügelspitzen ab.

Taubenmist – zu schade zum Wegwerfen

Taubenmist ergibt einen sehr guten biologischen Dünger. Warum also nicht aus der Not eine Tugend machen?

Ein Müllmann auf der Deponie meinte neulich zu mir, ich solle den Eimer mit Taubenmist, den ich zusätzlich zum Altmetall in meinem Kofferraum hatte, zum Restmüll werfen. Ich war etwas geschockt, denn für mich ist das kein Restmüll, auch wenn wir in unserer Gesellschaft viele wertvolle Rohstoffe einfach wegwerfen.

Zu Beginn Ihrer Taubenhaltung sind Sie vielleicht verwundert, wieviel Mist dabei anfällt. Selbst bei einer kleinen Taubenhaltung rechnet man pro Taube etwa mit drei Kilogramm Mist pro Jahr. Mit den außerdem anfallenden Federn und Nestbaumaterialien sowie eventuellen Resten von Einstreu kommt also einiges zusammen. Haben Sie selbst keine Verwendung für den Taubenmist, können Sie sich in der Nachbarschaft oder der näheren Umgebung bei den Hobbygärtnern nach Abnehmern umhören, denn bei ihnen hat er einen guten Ruf als Pflanzendünger und ist oft sehr willkommen.

Wertvoll und nachhaltig

Während der Mist für sehr viele Züchter nun eine Last ist, hatte er in den Zeiten, bevor es den billigen Kunstdünger gab, einen sehr hohen Stellenwert. Er war wichtig als Dünger für die Pflanzen im Garten und rund ums Haus und ich kann mich noch gut erinnern, dass die Nachbarn neidisch die stark blühenden Blumenkästen meiner Großmutter betrachteten. Sie wurden regelmäßig mit einer verdünnten Taubenkotjauche gegossen.

Taubenmist besitzt einen Stickstoffgehalt von rund 1,76 %, Rindermist liegt im Vergleich dazu um einiges darunter. Doch frisch oder getrocknet kann er nicht an alle Pflanzen gegeben werden. Landläufig bezeichnet man ihn als zu „scharf“. Außer bei Kohlsorten trifft dies für die meisten Pflanzen auch zu.

Jauche herstellen

Dazu füllen Sie Taubenmist in einen Sack und legen ihn dann für zwei bis drei Tage in ein Wasserfass. Die daraus entstandene Jauche vermischen Sie im Verhältnis von etwa 1:1 mit Wasser und fertig ist der Flüssigdünger für Ihre Pflanzen.

Es soll an dieser Stelle nicht verheimlicht werden, dass davon eine gewisse Geruchsbelästigung ausgeht. Stellen Sie den Behälter also immer an eine Stelle, wo er das Umfeld nicht beeinträchtigen wird.

Gut zu wissen

In normalen Kompostern ist es sinnvoll, das gesamte Füllgut einmal jährlich umzusetzen. Im zweiten Jahr haben Sie man dann frischen Kompost mit einem sehr hohen Verrottungsgrad.

Kompostierung

Wollen Sie den Taubenmist im Garten verwenden, dann sollten Sie ihn zuvor kompostieren. Verwenden Sie einen Thermokomposter, dann haben Sie innerhalb kürzester Zeit einen idealen Kompost, der nicht nur Dünger, sondern auch wertvoller Bodenverbesserer ist. Bei fachgerechter Kompostierung ist die Geruchsbelästigung sehr gering. Eher im Gegenteil, der Kompost riecht nicht, er hat einen erdigen Geruch.

Der frisch aufgesetzte Kompost sollte in der Regel nicht höher als etwa 1,5 Meter sein. Ist der Komposthaufen zu hoch und breit, dauert der Vorgang der Kompostbildung entsprechend länger. Legen Sie lieber

Wollen Sie einen Komposthaufen aufsetzen, vermischen Sie den Taubenkot mit Grasschnitt, gehäckseltem Stroh oder auch Laub und schichten sie ihn locker auf. Diese pflanzlichen Beimischungen sorgen dafür, dass die Struktur aufgelockert bleibt und der Komposthaufen gut durchlüftet wird.

mit dem sowieso ständig anfallenden Mist mehrere kleine Komposthaufen an, dann haben Sie immer einen, der soweit gereift ist, dass Sie ihn als Bodenverbesserer für Ihre Pflanzen verwenden können.

Im Lauf der Zeit sackt der Komposthaufen stark in sich zusammen und die unteren Schichten sind weitgehend verrottet. Reifer Kompost riecht nicht mehr nach seinen Ausgangsmaterialien, sondern hat den typischen erdigen Geruch.

Er ist locker und krümelig und kann nun in die Beete eingearbeitet werden. Graben Sie ihn aber nicht vollständig unter, sondern arbeiten Sie ihn nur leicht in die oberste Erdschicht ein. Bei natürlichem Kompost werden die Nährstoffe für die Pflanzen größtenteils erst durch Mikroorganismen im Boden nach und nach freigesetzt. Er entfaltet seine Wirkung also langsam und stetig, und dies kommt besonders frischen Anpflanzungen zugute.

Es hat sich bewährt, den Komposthaufen mit einem Netz abzudecken, denn dann können nach Insekten suchende Vögel ihn nicht ständig wieder mehr oder weniger zerstreuen. Dies würde den Kompostierungsvorgang verzögern und Sie müssten den Kompost immer wieder neu aufsetzen.

Stadttauben – ein Problem, das man in den Griff bekommen kann

Bedenkt man den hohen Stellenwert, den Tauben in den Jahrtausenden der Menschheitsgeschichte hatten, hat sich dieses heute in ein Negativimage verkehrt: „Ratten der Lüfte“. Stadttauben sind in Venedig zwar der größte Touristenmagnet auf dem Markusplatz, anderswo bereiten sie den Stadtverantwortlichen aber großes Kopfzerbrechen.

Taubenkot ist aggressiv und Bausubstanz kann durch ihn Schaden nehmen. Die Futtergrundlage für Tauben ist in der Stadt mehr als gesichert. Was um Backshops, Fast-Food-Ketten und Imbissbuden an Resten herumliegt, reicht ihnen, um mehrmals pro Jahr Jungtiere aufzuziehen.

Die anpassungsfähigen Vögel kommen in jeder Stadt zurecht. An Felsen oder eben auch Gebäuden können sie jede noch so kleine Sitz- und Brutgelegenheiten nutzen.

Tauben sollen Krankheiten übertragen. Doch Untersuchungen haben gezeigt, dass selbst in Städten der Druck auf die Tauben durch Habicht und Co. sehr groß ist. Kränkelnde werden sofort Opfer ihrer Attacken. Durch den hohen Selektionsdruck sind sie in der Regel sogar sehr gesund und stellen für Menschen keine Gefahr dar. Häufig haben sie aber Behinderungen an Beinen oder Flügeln, als Folgen von Verkehrsunfällen.

Es geht auch anders – mit Taubenschlägen

Taubenturm in Stuttgart.

Um die Stadttaubenbestände zu reduzieren, gibt es recht erfolgreiche Projekte wie das, den Tauben einen Heimatschlag zu geben. Dort kann ihre Vermehrung kontrolliert werden.

Zunächst muss sich die Kommune einen Ansprechpartner für alle Belange rund um die Stadttauben, einen sogenannten „Taubenvater“ suchen. Die sind im Idealfall Taubenzüchter oder andere Personen, die sich mit Tauben auskennen. Sie werden sich einen Überblick über die Taubenpopulationen der Stadt verschaffen. Normalerweise sind immer mehrere Gruppen vorhanden, die selten in die Reviere anderer eindringen.

Schließlich wird nach Gebäuden gesucht, in die ein Taubenschlag eingebaut werden kann oder nach einem Platz für ein Taubenhaus. Alle anderen Nistmöglichkeiten müssen so gut wie möglich verbaut werden. Jede einzelne Taubengruppe braucht einen separaten Taubenschlag, denn sie lässt sich kaum umsiedeln.

Der Taubenschlag sollte sehr praktikabel eingerichtet sein, denn er muss betreut werden, und er muss die Bedürfnisse der Tauben erfüllen, damit sie dort brüten. Nur dann können die Eier gegen Kunststoff- oder Gipseier ausgetauscht werden.

Die Tauben des Schlags werden gefüttert, im Grunde fast wie Haustauben gehalten. Gleichzeitig muss das Füttern der Tauben etwa in Parks verboten werden, denn falschverstandene Tierliebe kann vieles wieder zunichte machen.

Die Tauben im Flug, das Schönste für jeden Taubenliebhaber.

Service

Zum Weiterlesen

Bauer, W.: Tauben. Verlag Eugen Ulmer, Stuttgart 2013

Lipczinsky, M./Boerner, H.: Brieftauben. Verlag Eugen Ulmer, Stuttgart 2011

Lüthgen, Dr. W.: Taubenkrankheiten. Verlagshaus Reutlingen Oertel + Spörer, Reutlingen 2006

Mackrott, Dr. H.: Tauben züchten. Verlag Eugen Ulmer, Stuttgart 2000

Müller, E. (Hrsg.): Alles über Rassetauben. Band 1 – Entwicklung, Haltung, Pflege, Vererbung und Zucht. Verlagshaus Reutlingen Oertel + Spörer, Reutlingen 2000

Schmidt, Dr. H./Proll, R.: Taschenatlas Tauben. Verlag Eugen Ulmer, Stuttgart 2006

Vogel, C.: Tauben. Lizenzausgabe für Bechtermünz Verlag, Augsburg 1997

Zeitschriften

Der Kleintier-Züchter. Geflügelzeitung
Offizielles Organ des Bundes Deutscher Rassegeflügelzüchter. Hobby- und Kleintierzüchter Verlags GmbH & Co. KG.
Wilhelmsaue 37
10713 Berlin
Tel. 030/897 454–541
E-Mail: gefluegelzeitung@hk-verlag.de
Internet: www.gefluegelzeitung.de

Geflügel-Börse
Offizielles Organ des Bundes Deutscher Rassegeflügelzüchter.
Verlag Jürgens KG
Gabriele-Münter-Str. 5
82110 Germering
Tel. 089/841 843–00
E-Mail: office@gefluegel-boerse.de
Internet: www.gefluegel-boerse.de

Die Brieftaube
Verband Deutscher Brieftaubenzüchter e. V.
Katernberger Str. 115
45327 Essen
Tel. 0201/872 241 2
E-Mail: verband@brieftaube.de
Internet: www.brieftaube.de

Tierwelt
Tierwelt-Verlag
Henzmannstr. 18
CH-4800 Zofingen
Tel. 0041 (0) 62/745 949 4
E-Mail: redaktion@tierwelt.ch
Internet: www.tierwelt.ch

Freude mit der Kleintierzucht
Rassezuchtverband Österreichischer Kleintierzüchter mit Tier-, Natur- und Umweltschutz
Unterlochnerstr. 17b
A-5230 Mattighofen
Tel. 0043 (0) 650/990 531 6
E-Mail: wimmer.guenther@aon.at
Internet: www.kleintierzucht-roek.at

Adressen

Museen und Archive

Deutsches Taubenhausarchiv
www.ebersbach-lebenimmuseum.de
www.deutschestaubenhausarchiv.de

Deutsches Taubenmuseum Nürnberg
www.taubenmuseum.de

Taubenschlagbau/ Taubenschlageinrichtungen

Brieftaubenzuchtgeräte
Bernhard Hermes
Heierweg 95
33129 Delbrück-Ostenland
Tel. 05257/3690
E-Mail: mail@b-hermes.de
Internet: www.b-hermes.de

Tierbedarf Kirschstein
Auf´m Brinke 8
59872 Meschede
Tel. 0291/515 87
E-Mail: mail@tierbedarfkirschstein.de
Internet: www.tierbedarfkirschstein.de

Beckmeier GmbH
Am Walde 4
33775 Versmold
Tel. 05423/473 09–81
E-Mail: M.Beckmeier@Beckmeier-GmbH.de
Internet: www.beckmeier-gmbh.de

Zimmerei Herbert Schorr
Am Schopfensee 17
96152 Burghaslach
Tel. 09552/6295
E-Mail: webmaster@holzbauschorr.de
Internet: www.taubenschlagbauschorr.de

Tischlerei Kipshagen
Fürstenstraße 10
33415 Verl/Kaunitz
Tel. 05246/819 26
E-Mail: mail@kipshagen.de
Internet: www.kipshagen.de

Werkstätten für Behinderte Herne/Castrop-Rauxel GmbH
Langforthstraße 24
44628 Herne
Tel. 02323/934–116
taubeninfo@wfb-herne.de
www.taubensportartikel.de

Zimmerei Freund
Cosuler Str. 03
02692 Eulowitz,
Tel. 035938/521 46
E-Mail: maik.freund@eulowitz.de
Internet: www.zimmerei-freund.de

Zubehör, Gerätschaften

Sollfrank KG
Schießplatzstr. 40
90469 Nürnberg
Tel. 0911/48 35 10
E-Mail: info@sollfrank.de
Internet: www.sollfrank.de

Tierbedarf & Haustierzubehör Breker
Kneblinghauser Weg 20
59602 Rüthen
Tel. 02952/444
E-Mail: info@breker.de
Internet: www.breker.de

Horst & Sandeck GmbH & Co. Landhandel KG
Handelsweg 5
38539 Müden
Tel. 05375/1237
E-Mail: info@tauben-sandeck.de
Internet: www.tauben-sandeck.de

Theodor Backs GmbH
Alter Bahnhof 4
31547 Rehburg-Loccum
Tel. 05 37/970 50
E-Mail: info@taubenbacks.de
Internet: www.taubenbacks.de

Bildquellen

Wilhelm Bauer: Umschlagrückseite sowie Seite 3, 7, 8, 10, 12, 14, 15, 17, 18, 13, 19, 20, 21, 22 oben, 22 unten, 23, 24, 25 oben links, 25 unten, 26, 27, 28, 30, 33, 40, 42, 43, 46, 47, 49, 50, 51, 53, 55, 58, 59, 60, 61, 64 links, 66, 68, 69, 70, 71, 75, 77, 78 unten, 79 oben, 79 unten, 80, 84, 88, 87 unten, 89, 90, 91, 95, 98, 99, 100, 102
Eva-Maria Götz: Seite 72, 73 oben, 73 unten, 85, 101
Regina Kuhn: Titelfoto sowie Seite25 oben rechts, 31, 44, 62, 64 rechts, 67, 78 oben, 81, 82, 87 oben, 92, 97
shutterstock/Trofimenko Sergei: Seite 56
Zoonar/Georg: Seite 11

Sämtliche Zeichnungen fertigte Helmuth Flubacher, Waiblingen, nach Vorlagen des Autors.

Register

Die in diesem Buch enthaltenen Empfehlungen und Angaben sind vom Autor mit größter Sorgfalt zusammengestellt und geprüft worden. Eine Garantie für die Richtigkeit der Angaben kann aber nicht gegeben werden. Autor und Verlag übernehmen keinerlei Haftung für Schäden und Unfälle.

Bibliografische Information der Deutschen Nationalbibliothek
Die Deutsche Nationalbibliothek verzeichnet diese Publikation in der Deutschen Nationalbibliografie; detaillierte bibliografische Daten sind im Internet über http://dnb.d-nb.de abrufbar.

Wollgrasweg 41, 70599 Stuttgart (Hohenheim)
E-Mail: info@ulmer.de
Internet: www.ulmer.de
Lektorat: Silke Behling, Dr. Eva-Maria Götz
Herstellung: Thomas Eisele
Umschlagentwurf: Atelier Reichert, Stuttgart
Satz: pagina GmbH, Tübingen
Druck und Bindung: Firmengruppe APPL, aprinta Druck, Wemding
Printed in Germany

ISBN 978-3-8001-8359-3